AF452225

ABRÉGÉ

DE

GÉOMÉTRIE PRATIQUE

COURS ÉLÉMENTAIRE

Tout exemplaire qui ne sera pas revêtu des trois signatures ci-dessous sera réputé contrefait.

Les Éditeurs,

Les ouvrages suivants se trouvent aux mêmes adresses.

Livre-Tableau, format in-plano.
Syllabaire, in-18.
Premier livre de Lecture, in-18.
Syllabaire et Premier Livre, in-18.
Vie de N.-S. Jésus-Christ, in-18.
Devoirs du Chrétien, in-12.
Lectures courantes, in-12.
* Lect.instructives(manuscrit),in-12.
Abrégé de Grammaire, in-18.
Grammaire française, in-12.
Cours élém. d'Orthographe, in-12.
* Coursintermédiaired'Orthographe, in-12.
* Cours d'Analyse, in-12.
*Exercicesorthographiques,2v.in-12.
*Leçons de Langue française : Cours préparatoire, élémentaire, moyen, supérieur, 4 vol. in-12.
Petite Histoire sainte, in-18.
Cours moyen d'Histoire sainte, in-16.
Cours supérieur d'Hist. sainte, in-12.
Histoire sainte et de France, in-18.
Histoire sainte et de France, in-12.
Hist. de France: Cours élém., moyen, supér., 3 vol. (in-18, in-16, in-12).
Chronologiede l'Hist.deFrance,in-12.
45 Leçons de Géographie, in-12.
Petite Géographie, in-18.
Géographie : Cours élément., moyen, supérieur, 3 vol.(in-18,in-16,in-12).
Atlas A, de 8 cartes, in-8°.
Atlas B, C, D, E, in-4°, contenant: 8, 14, 30, 36 cartes.

Petite Arithmétique, in-18.
Abrégé d'Arithmétique, in-18.
* Exercices de Calcul, in-18.
* Recueil de Problèmes, in-18.
* Petit Système métrique, in-18.
* Les fractions, in-18.
* Traité d'Arithmétique décim.,in-12.
Réponses aux Probl. du Traité, in-12.
* Arithmétique, Cours élém., in-18.
* Arithmétique, Cours moyen, in-16.
* Arithmétique, Cours supér., in-12.
* Recueil de Problèmes, in-12.
* Abrégé de Géométrie pratique, Cours élémentaire, in-12.
* Abrégé de Géométrie pratique, Cours moyen, in-12.
* Géométrie, Cours supérieur, Enseignement primaire, in-12.
Manuel d'Arpentage, in-12.
Petit Questionnaire, in-18.
Manuel des commençants, in-18.
*Cours élém.,Tenue des Livres,in-12.
Chants pieux (texte), in-18.
Les mêmes, avec musique, in-18.
Eléments d'Arithmétique, d'Algèbre, de Géométrie, de Trigonométrie, d'Arpentage, de Géométrie descriptive, de Cosmographie, Mécanique, 8 vol. in-12.
Exercices (maître) d'Arithmétique, d'Algèbre, de Géométrie, de Trigonométrie,de Géométrie descriptive, Mécanique, 6 vol. in-12.

Nota : Aux ouvrages marqués * correspond un Livre du **Maître.**

ABRÉGÉ

DE

GÉOMÉTRIE PRATIQUE

COURS ÉLÉMENTAIRE

PAR F. J. J.

CHEZ LES ÉDITEURS

TOURS | **PARIS**

ALFRED MAME ET FILS | **POUSSIELGUE FRÈRES**

IMPRIMEURS-LIBRAIRES | CH. POUSSIELGUE, SUCCESSEUR

Rue de l'Intendance | Rue Cassette, 15

1887

PREMIÈRES NOTIONS

DE

GÉOMÉTRIE PRATIQUE

COURS ÉLÉMENTAIRE

PREMIÈRE PARTIE

DÉFINITIONS PRÉLIMINAIRES

1. On appelle *étendue d'un corps* la portion de l'espace occupée par ce corps.

EXEMPLE : Le trou, ou le vide qui se forme dans un mur quand on retire une brique, représente l'espace ou l'étendue de cette brique.

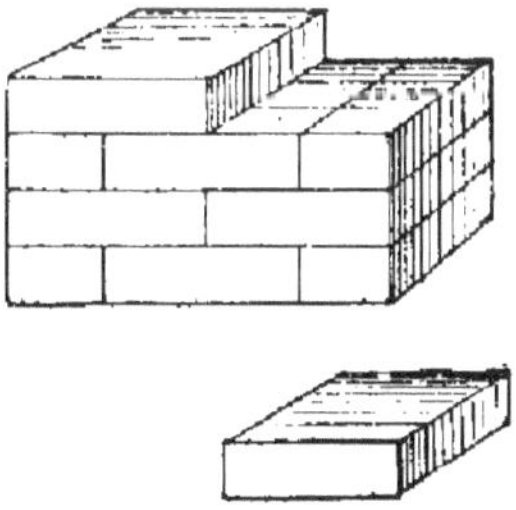

2. Dans l'étendue d'un corps on considère trois directions ou dimensions : la *longueur*, la *largeur* et la *hauteur*.

La largeur s'appelle quelquefois épaisseur, et la hauteur s'appelle aussi profondeur.

Ainsi on dit la largeur d'un fossé, l'épaisseur d'un mur, la hauteur d'une tour, la profondeur d'un puits.

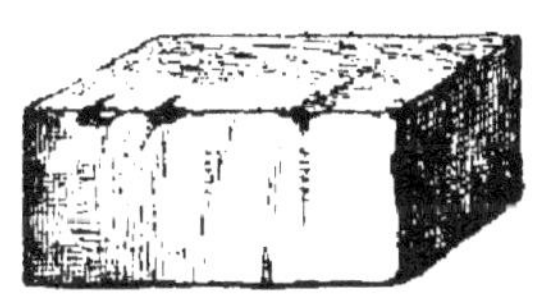

Étendue d'une brique.

Fig. 1.

3. Un *volume* est l'étendue considérée sous les trois dimensions.

EXEMPLE : Un bloc de pierre.

4. Une *surface* est l'étendue considérée sous deux dimensions.

EXEMPLE : C'est la surface que l'on peint sur un mur,

Bloc de pierre.

Fig. 2.

dans un tableau noir ; c'est sur la surface d'une table qu'on place un cahier pour écrire.

5. Une *ligne* est l'étendue considérée sous une seule dimension.

EXEMPLE : La longueur d'une corde, la largeur d'une route, la hauteur d'un mur.

6. La *géométrie* est une science qui étudie les lignes, les surfaces et les volumes.

CHAPITRE I

§ I. — Des lignes.

7. La *ligne droite* est le plus court chemin d'un point à un autre.

Un fil bien tendu offre l'image d'une ligne droite.

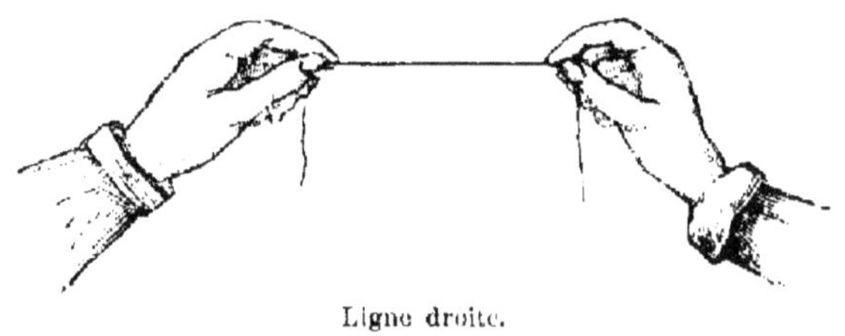

Ligne droite.

Fig. 3.

8. On appelle *surface plane* une surface sur laquelle on peut tracer dans tous les sens des lignes droites.

EXEMPLES : La surface d'un tableau noir, une feuille de papier.

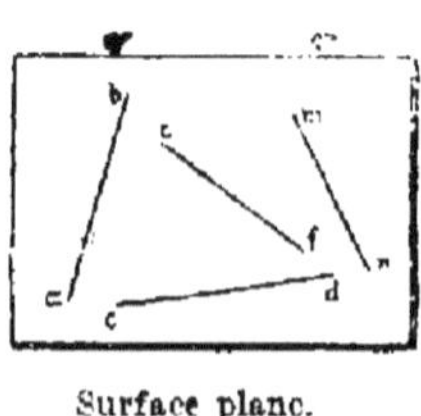

Surface plane.

Fig. 4.

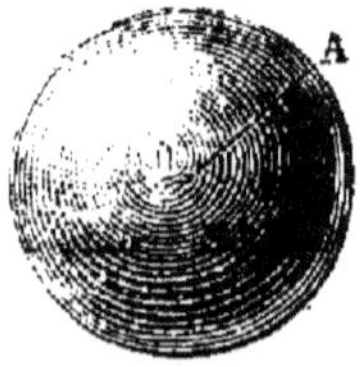

Surface courbe.

Fig. 5.

9. Une *surface courbe* est une surface qui n'est plane en aucune de ses parties.

EXEMPLE : La surface d'une boule.

10. Une *ligne brisée* est une ligne composée de plusieurs lignes droites.

Lignes brisées.
Fig. 6.

Lignes courbes.
Fig. 7.

11. Une *ligne courbe* est une ligne qui n'est droite en aucune de ses parties.

EXEMPLE : Un fil qui n'est pas tendu représente une ligne courbe.

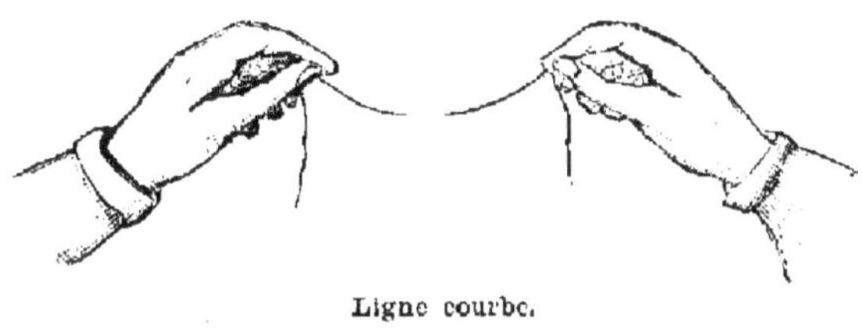

Ligne courbe.
Fig. 8.

12. La plus importante des lignes courbes est la circonférence.

§ II. — De la circonférence.

13. La *circonférence* est une ligne courbe plane et fermée dont tous les points sont également éloignés d'un point intérieur, qu'on nomme *centre*.

14. Le *cercle* est la surface plane limitée par la circonférence.

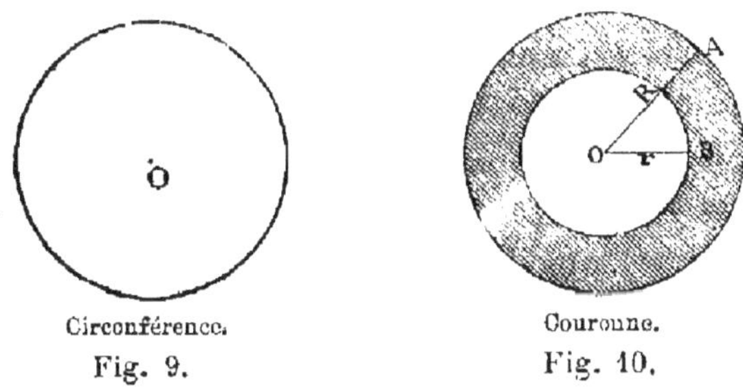

Circonférence.
Fig. 9.

Couronne.
Fig. 10.

La *couronne* est la surface comprise entre deux circonférences qui ont le même centre.

On donne souvent le nom de cercle à la circonférence même.

15. Un *arc* est une partie quelconque de la circonférence.

16. On divise la circonférence en 360 parties égales, qu'on appelle *degrés*.

Le degré se divise en 60 minutes.
La minute se divise en 60 secondes.

On désigne les degrés par un petit zéro placé à droite, un peu au-dessus du nombre de degrés; les minutes se désignent par un accent, les secondes par deux accents.

54 degrés, 45 minutes, 18 secondes s'écrivent 54° 45′ 18″.

17. Pour mesurer un arc, on cherche combien il contient de degrés de la circonférence dont il fait partie.
On dit un arc de 25°.

18. Par rapport à la circonférence, on considère les lignes suivantes : le *rayon*, la *corde*, le *diamètre*, la *sécante*, la *tangente* et la *flèche*.

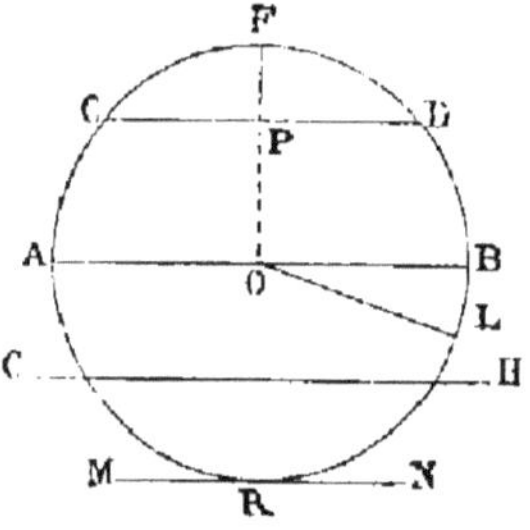

OL, rayon. CD, corde.
AB, diamètre. CH, sécante.
MN, tangente. R, point de contact.
FP, flèche. CFD, arc.
Fig. 11.

Le *rayon* est une droite qui joint le centre à un point de la circonférence.

Une *corde* est une droite qui joint deux points quelconques de la circonférence.

Le *diamètre* est une corde qui passe par le centre.

Une *sécante* est une corde prolongée.

Une *tangente* est une droite indéfinie qui n'a qu'un point de commun avec la circonférence.

On appelle *point de contact* le point commun à la tangente et à la circonférence.

Une *flèche* est une ligne qui joint le milieu de la corde au milieu de l'arc.

§ III. — Des parallèles.

19. On appelle *parallèles* des droites situées dans un même plan et qui ne peuvent se rencontrer à quelque distance qu'on les prolonge. Telles sont les droites A, B et C.

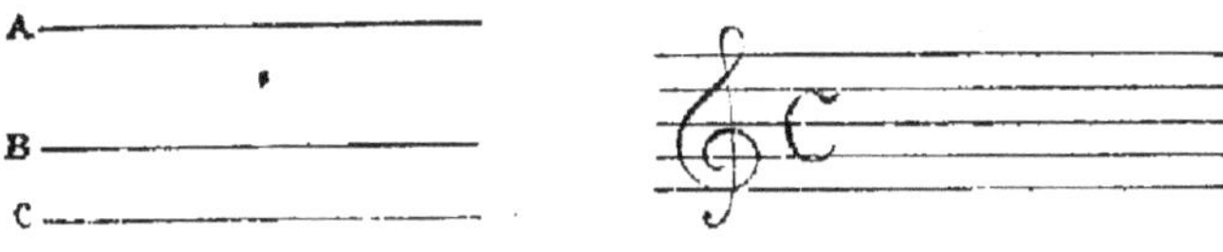

Parallèles.
Fig. 12.

Portée de musique. Parallèles horizontales.
Fig. 13.

Exemple : Les barreaux d'une grille de portail, les lignes d'une portée de musique.

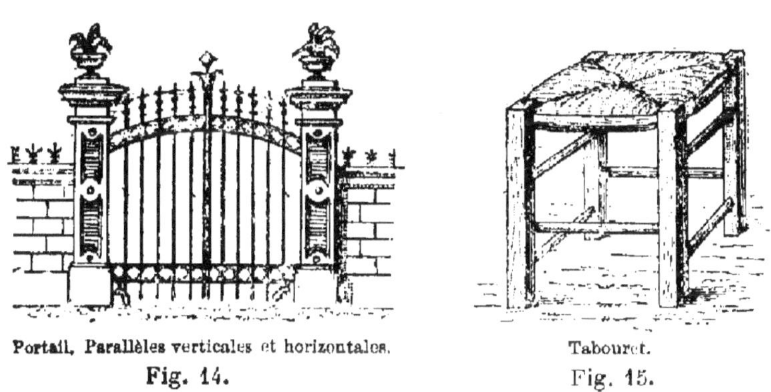

Portail. Parallèles verticales et horizontales.
Fig. 14.

Tabouret.
Fig. 15.

Dans un tabouret, les barreaux de deux côtés contigus, supposés prolongés, ne pourraient se rencontrer, et cependant ils ne sont pas parallèles, parce qu'ils ne sont pas situés dans un même plan.

§ IV. — Des angles.

20. Un *angle* est l'ouverture comprise entre deux droites qui partent d'un même point.

On appelle *côtés* d'un angle les deux lignes qui forment cet angle.

Le *sommet* d'un angle est le point de départ de ses deux côtés.

21. On désigne un angle par les trois lettres de ses côtés, en plaçant au milieu celle de son sommet.

On désigne encore un angle, surtout quand il est seul, par la lettre du sommet, ou bien encore par une lettre minuscule placée à l'intérieur de l'angle, vers le sommet.

EXEMPLE : On dit indifféremment angle **BAC**, angle **A**, angle *m*.

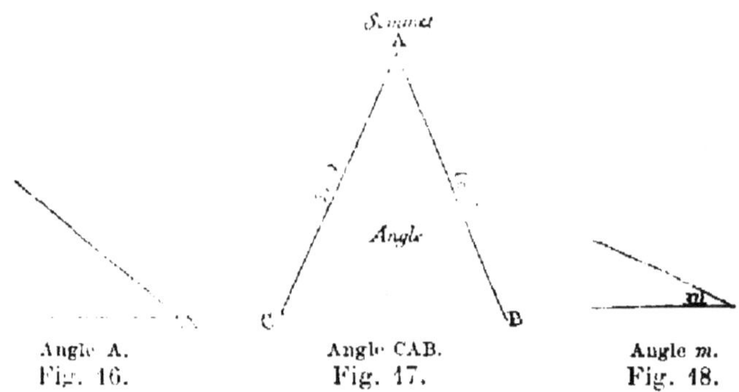

Angle A.   Angle CAB.   Angle *m*.
Fig. 16.   Fig. 17.   Fig. 18.

22. La grandeur d'un angle dépend uniquement de l'ouverture comprise entre les côtés et non de leur longueur.

EXEMPLE : L'angle ADB (fig. 19), dont l'ouverture est plus grande que celle de l'angle CDE, est plus grand que l'angle CDE, quoique ses côtés soient moins longs que ceux de cet angle.

23. On appelle *angles adjacents* deux angles qui ont même sommet et qui sont situés, de part et d'autre, d'un côté commun.

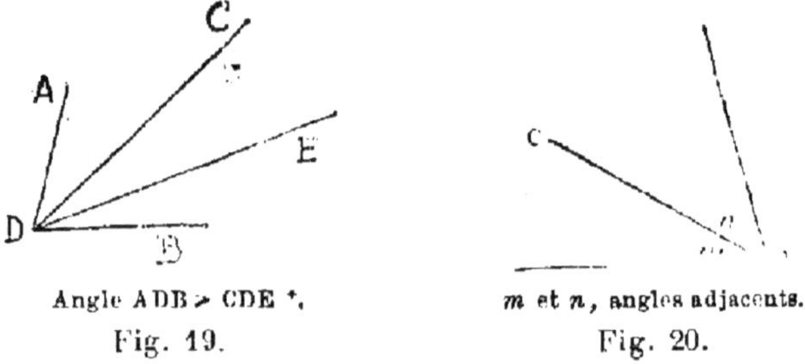

Angle ADB > CDE *.   *m* et *n*, angles adjacents.
Fig. 19.   Fig. 20.

EXEMPLE : Les angles *m* et *n* sont deux angles adjacents; ils ont le même sommet A et le côté commun AC.

DIFFÉRENTES POSITIONS DE LA LIGNE DROITE

24. Une droite est *perpendiculaire* à une autre droite lorsqu'elle forme avec cette autre des angles adjacents égaux.

---

* > signifie plus grand que.
   < signifie plus petit que.

EXEMPLE : Si les angles *m* et *n* sont égaux, la ligne AB est perpendiculaire à CD (fig. 21).

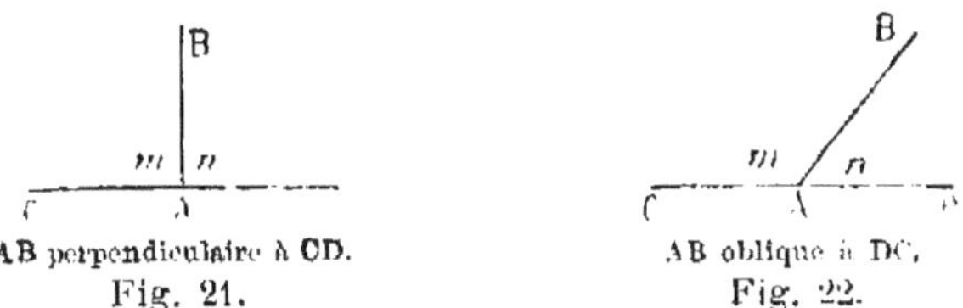

Fig. 21.   Fig. 22.

25. Une droite est *oblique* à une autre droite lorsqu'elle fait avec cette autre deux angles adjacents inégaux.

EXEMPLE : Si les angles *m* et *n* ne sont pas égaux, la droite AB est oblique à CD (fig. 22).

26. Horizontale. La ligne *horizontale* est une droite qui suit le niveau de l'eau dormante.

27. Verticale. La ligne *verticale* est une droite qui suit la direction du fil à plomb.

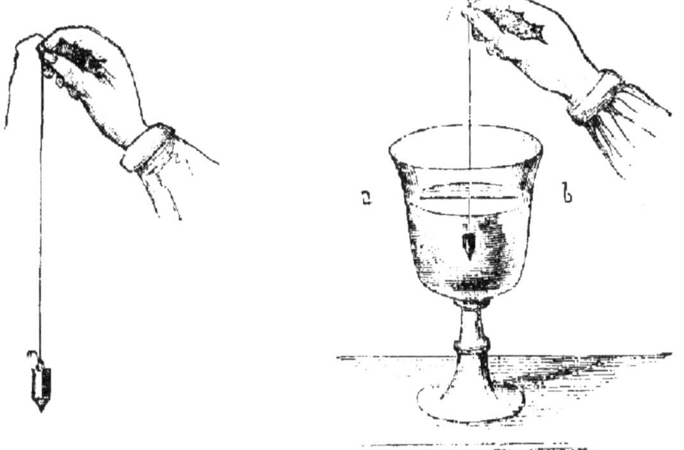

Fil à plomb.   Horizontale et verticale.

Fig. 23.   Fig. 24.

Fil à plomb. Le *fil à plomb* est un fil qui supporte une petite masse de plomb à l'une de ses extrémités.

Remarque. La ligne verticale est perpendiculaire à la ligne horizontale.

28. Principe I *. Si d'un point pris hors d'une droite on mène à cette droite une perpendiculaire et différentes obliques :

---

* Nous appelons principes des vérités connues en géométrie sous le nom de *Théorèmes*.

Nous en donnons la démonstration dans le Cours supérieur et quelquefois dans le Cours moyen.

1° *La perpendiculaire est plus courte que toute oblique, ou, en d'autres termes, la perpendiculaire mesure le plus court chemin d'un point à une droite.*

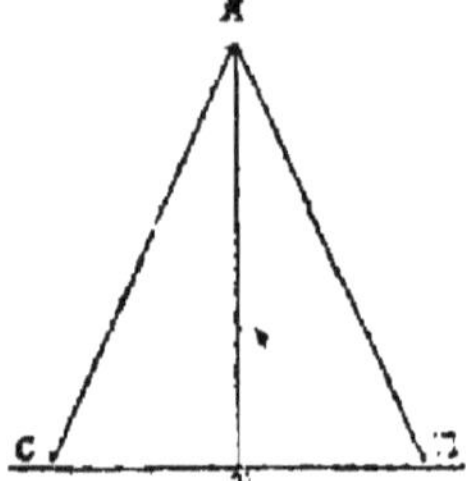
Fig. 25.

EXEMPLE : La perpendiculaire AB est plus courte que toute oblique AE.

2° *Deux obliques qui s'écartent également du pied de la perpendiculaire sont égales.*

EXEMPLE : Les deux distances BC et BE étant supposées égales, les deux obliques AC et AE sont égales.

29. Mesure des angles. L'inclinaison des deux côtés d'un angle, ou, en d'autres termes, la mesure d'un angle s'évalue en cherchant le nombre de degrés de l'arc compris entre ses côtés et décrit de son sommet comme centre.

EXEMPLE : On dit : angle de 25°, pour l'angle dont les côtés embrassent un arc de 25°.

30. Différentes sortes d'angles. Un *angle droit* est un angle dont les côtés sont perpendiculaires entre eux. L'angle droit embrasse le quart de la circonférence décrite de son sommet comme centre. Il a pour mesure 90°.

EXEMPLE : L'angle BAC et l'angle MAC.

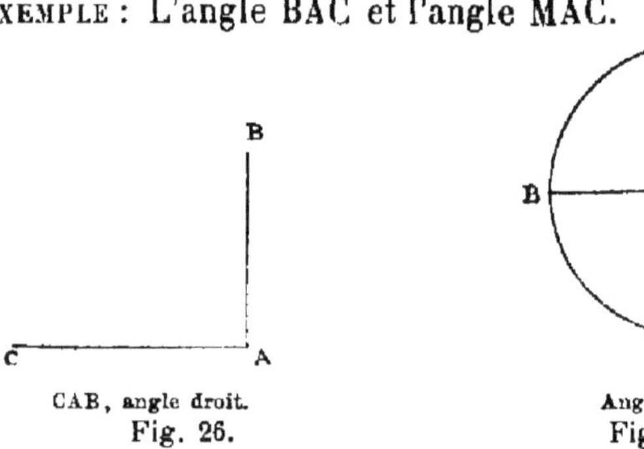
CAB, angle droit.
Fig. 26.

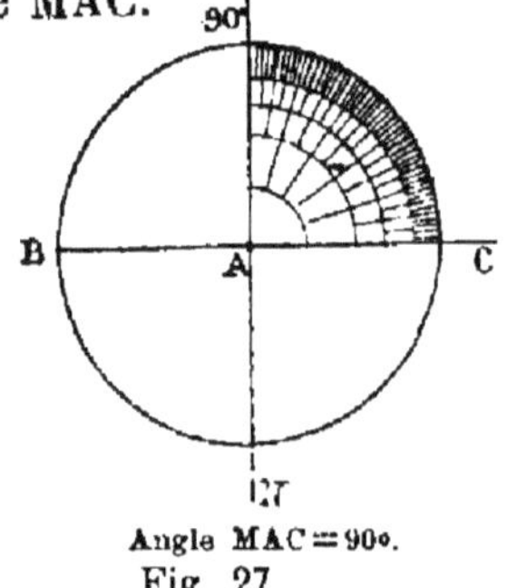
Angle MAC = 90°.
Fig. 27.

31. On appelle *angle obtus* tout angle plus grand qu'un angle droit. Il a pour mesure plus de 90°.

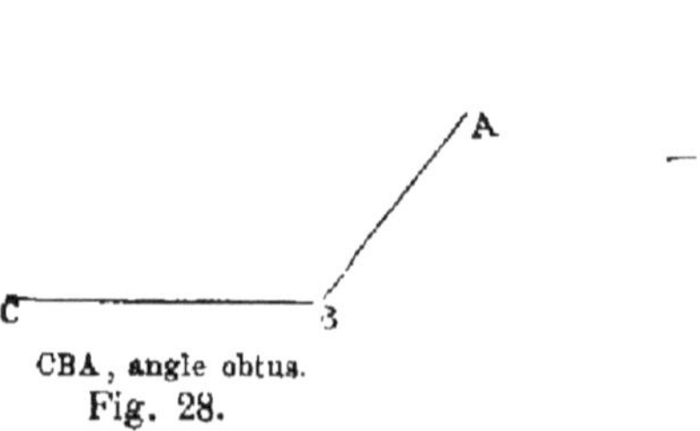
CBA, angle obtus.
Fig. 28.

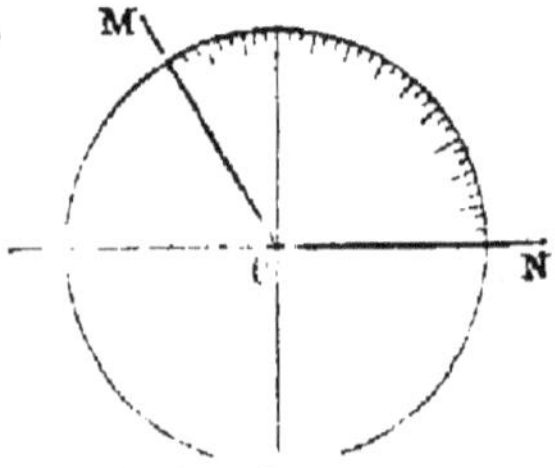

Angle MON > 90°.
Fig. 29.

EXEMPLE : L'angle ABC et l'angle MON.

32. On appelle *angle aigu* tout angle moins grand qu'un angle droit. Il a pour mesure moins de 90°.

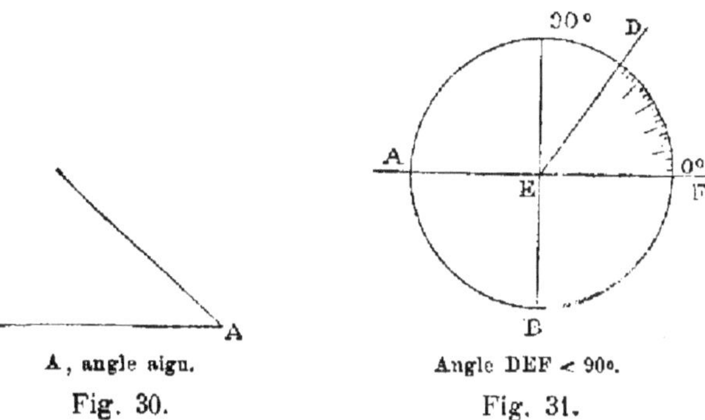

A, angle aigu.
Fig. 30.

Angle DEF < 90°.
Fig. 31.

EXEMPLE : L'angle A et l'angle DEF sont des angles aigus.

33. Deux angles sont *complémentaires* quand leur somme égale un angle droit ou 90°.

EXEMPLE : Les angles de 40° et de 50° sont complémentaires, parce que leur somme 40° + 50° égale 90°.

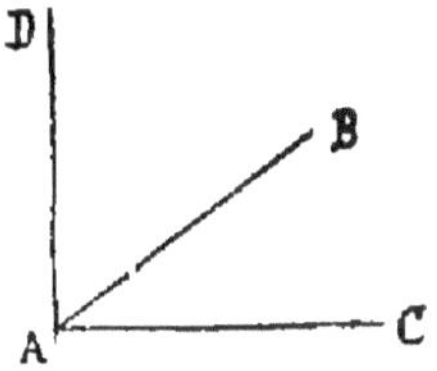

34. On obtient le complément d'un angle en retranchant la valeur de cet angle de 90°.

Ainsi le complément de l'angle de 40° égale

$$90° - 40° = 50°.$$

Angles complémentaires.
Fig. 32.

35. Deux angles sont *supplémentaires* quand leur somme égale deux angles droits ou 180°.

EXEMPLE : Les angles de 75° et de 105° sont supplémentaires, parce que leur somme

$$75° + 105° = 180°.$$

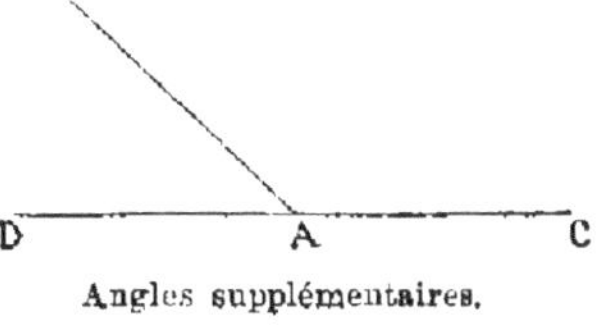

Angles supplémentaires.
Fig. 33.

36. On obtient le supplément d'un angle en retranchant la valeur de cet angle de 180°.

Ainsi le supplément de l'angle de 75° égale

$$180° - 75° = 105°.$$

37. La *bissectrice* d'un angle est la droite qui divise cet angle en deux parties égales.

EXEMPLE : La ligne AD est la bissectrice de l'angle BAC, si les angles BAD et DAC sont égaux.

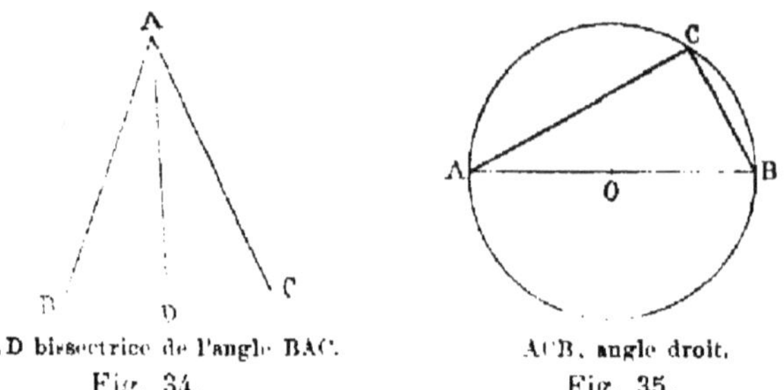

AD bissectrice de l'angle BAC.
Fig. 34.

ACB, angle droit.
Fig. 35.

38. Principe II. *L'angle qui a son sommet sur la circonférence et dont les côtés aboutissent aux deux extrémités du diamètre est un angle droit.*

EXEMPLE : L'angle ACB est un angle droit.

§ V. — Des polygones.

39. Un *polygone* est une surface plane limitée par des lignes droites.

Le *triangle* est un polygone de trois côtés.

Le *quadrilatère* est un polygone de quatre côtés.

Le *pentagone* est un polygone de cinq côtés.

L'*hexagone* est un polygone de six côtés.

L'*heptagone* est un polygone de sept côtés.

L'*octogone* est un polygone de huit côtés.

40. Le *périmètre* d'un polygone est la ligne brisée qui forme le contour de ce polygone.

EXEMPLE : La ligne CDEFH est le périmètre du polygone (fig. 36).

Le périmètre du cercle est la circonférence.

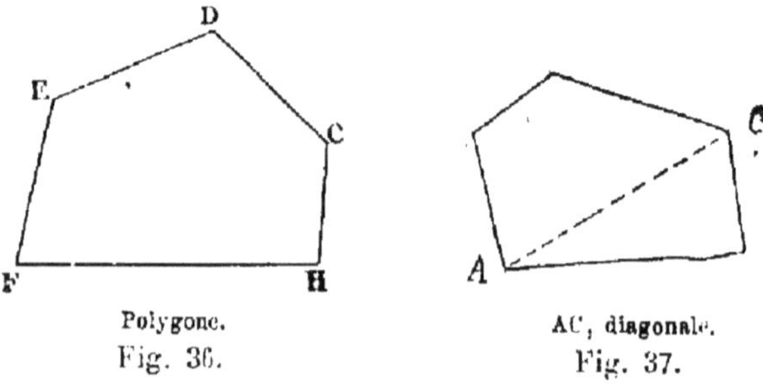

Polygone.
Fig. 36.

AC, diagonale.
Fig. 37.

41. La *diagonale* d'un polygone est une droite qui joint deux sommets non consécutifs de ce polygone.

EXEMPLE : La ligne AC est une diagonale (fig. 37).

§ VI. — Du triangle.

42. Un *triangle* est une surface plane limitée par trois lignes droites qui en sont les côtés.

EXEMPLE : La figure ABC est un triangle (fig. 38).

43. La *base* d'un triangle est un de ses trois côtés pris à volonté. On choisit généralement pour base d'un triangle le côté sur lequel il est censé posé.

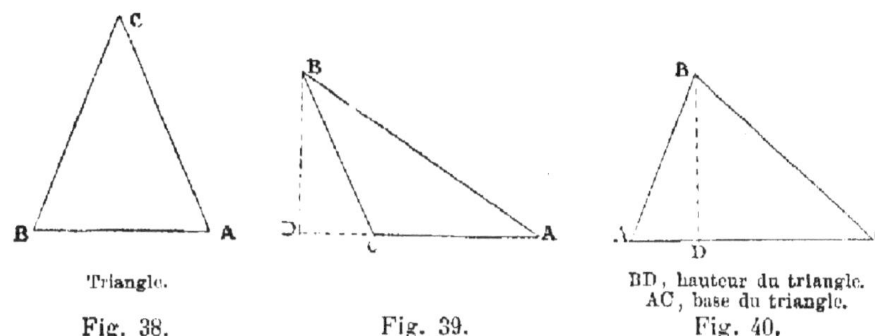

Triangle.

Fig. 38.

Fig. 39.

BD, hauteur du triangle.
AC, base du triangle.
Fig. 40.

44. Le *sommet* d'un triangle est le sommet de l'angle opposé à la base.

45. La *hauteur* d'un triangle est la perpendiculaire abaissée du sommet sur la base ou sur son prolongement.

EXEMPLE : Dans le triangle ABC (fig. 40), si l'on prend AC pour base, B est le sommet du triangle, et la ligne BD en est la hauteur.

Dans le triangle ABC (fig. 39) la hauteur tombe sur le prolongement de la base.

46. Le triangle *équilatéral* est un triangle qui a ses trois côtés égaux et ses trois angles égaux.

47. Le triangle *isocèle* est un triangle qui a deux côtés égaux et deux angles égaux.

Les deux angles égaux sont opposés aux côtés égaux.

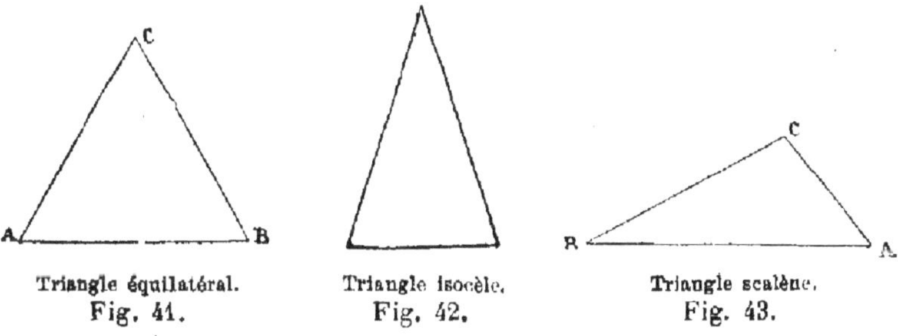

Triangle équilatéral.
Fig. 41.

Triangle isocèle.
Fig. 42.

Triangle scalène.
Fig. 43.

48. Le triangle *scalène* est un triangle qui a ses trois côtés inégaux et ses trois angles inégaux.

49. Un triangle est *rectangle* lorsqu'il a un angle droit.

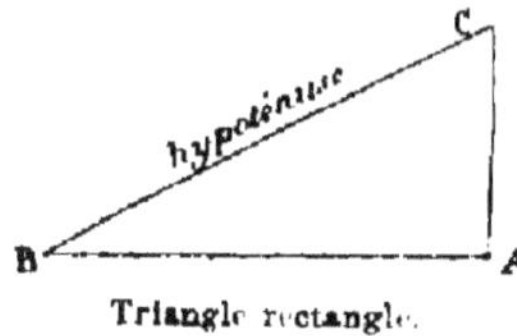

Triangle rectangle.
Fig. 44.

50. On appelle *hypoténuse*, dans un triangle rectangle, le côté opposé à l'angle droit.

51. Un triangle est *obtusangle* lorsqu'il a un angle obtus.

52. Un triangle est *acutangle* lorsque tous ses angles sont aigus.

53. Principe III. *La somme des trois angles d'un triangle égale deux angles droits ou* 180°.

54. Conséquence I. Dans un triangle rectangle, les deux angles aigus sont complémentaires.

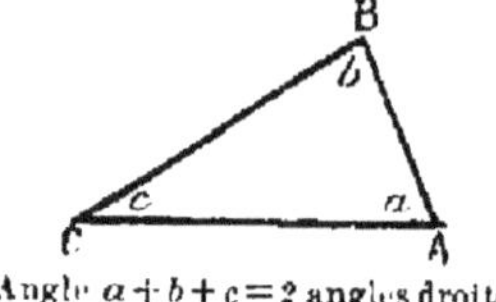

Angle $a+b+c=2$ angles droits.
Fig. 45.

Si dans un triangle rectangle l'un des angles aigus égale 36°, l'autre angle aigu égale
$$90° - 36° = 54°.$$

55. Conséquence II. Dans un triangle rectangle isocèle, les deux angles aigus sont chacun de 45°.

56. Conséquence III. Dans tout triangle, un angle quelconque a pour supplément la somme des deux autres.

Si dans un triangle l'un des angles égale 72°, la somme de deux autres égale $180° - 72° = 108°$.

§ VII. — Des quadrilatères.

57. Un *quadrilatère* est un polygone de quatre côtés.

58. Les quadrilatères qui ont un nom particulier sont :
Le parallélogramme,
Le rectangle,
Le losange,
Le carré,
Le trapèze.

59. Le *parallélogramme* est un quadrilatère dont les côtés opposés sont parallèles.

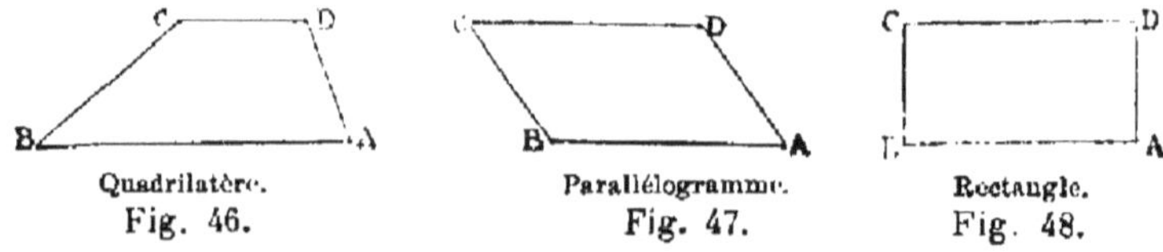

Quadrilatère.
Fig. 46.

Parallélogramme.
Fig. 47.

Rectangle.
Fig. 48.

60. Un *rectangle* est un quadrilatère dont tous les angles sont droits.

61. Le *losange* est un quadrilatère dont tous les côtés sont égaux.

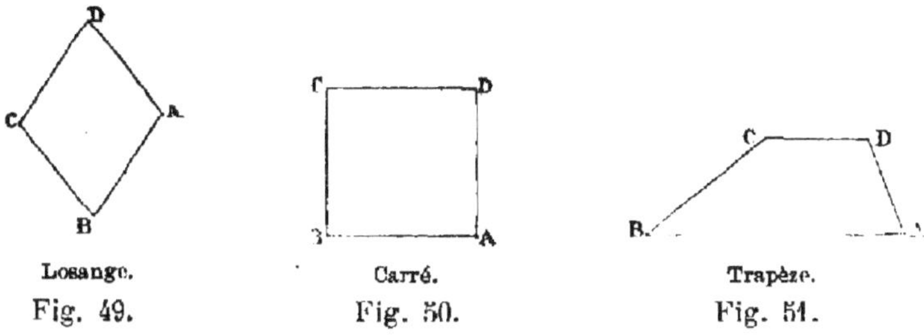

Losange.
Fig. 49.

Carré.
Fig. 50.

Trapèze.
Fig. 51.

62. Le *carré* est un quadrilatère qui a ses côtés égaux et ses angles égaux.

63. Un *trapèze* est un quadrilatère qui a deux côtés parallèles. Ces deux côtés sont les bases du trapèze.

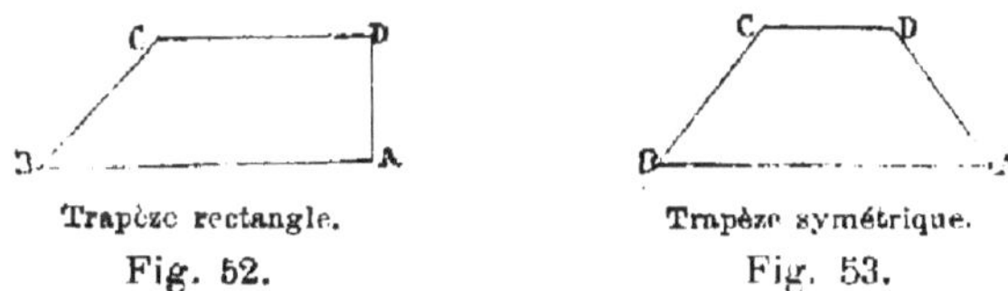

Trapèze rectangle.
Fig. 52.

Trapèze symétrique.
Fig. 53.

64. Le *trapèze rectangle* est un trapèze qui a deux angles droits.

65. Un *trapèze isocèle* ou *symétrique* est un trapèze dont les côtés non parallèles sont égaux.

§ VIII. — Des polygones réguliers.

66. Un *polygone régulier* est un polygone qui a tous ses côtés égaux et tous ses angles égaux.

Le triangle équilatéral et le carré sont des polygones réguliers.

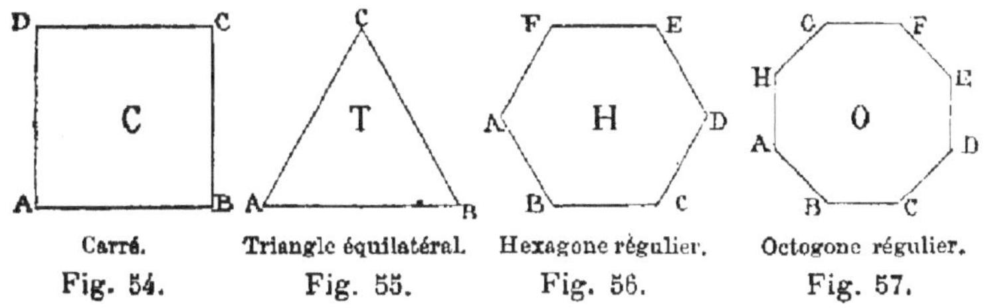

Carré.
Fig. 54.

Triangle équilatéral.
Fig. 55.

Hexagone régulier.
Fig. 56.

Octogone régulier.
Fig. 57.

Les polygones réguliers comme les polygones non réguliers se désignent par le nombre de leurs côtés.

67. La circonférence peut être considérée comme un polygone régulier d'un très grand nombre de côtés.

68. Un polygone est *inscrit* lorsque tous ses sommets sont sur une même circonférence.

Triangle équilatéral inscrit.
Fig. 58.

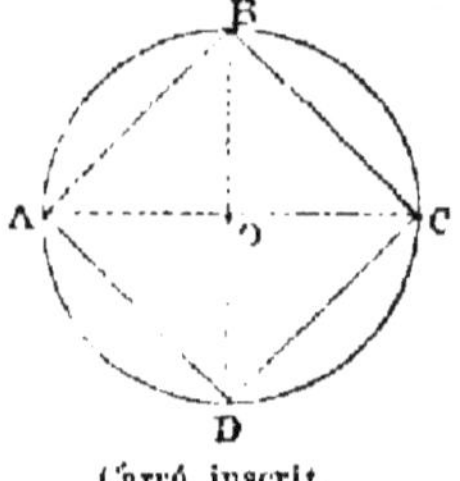

Carré inscrit.
Fig. 59.

69. Un polygone est *circonscrit* lorsque tous ses côtés sont tangents à une même circonférence.

70. Les *angles* d'un polygone sont les angles que forment les côtés du polygone en se joignant deux à deux.

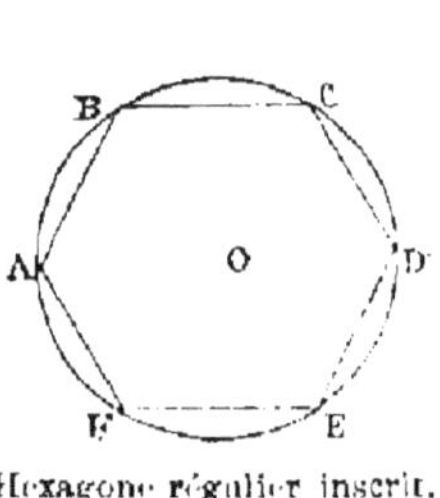

Hexagone régulier inscrit.
Fig. 60.

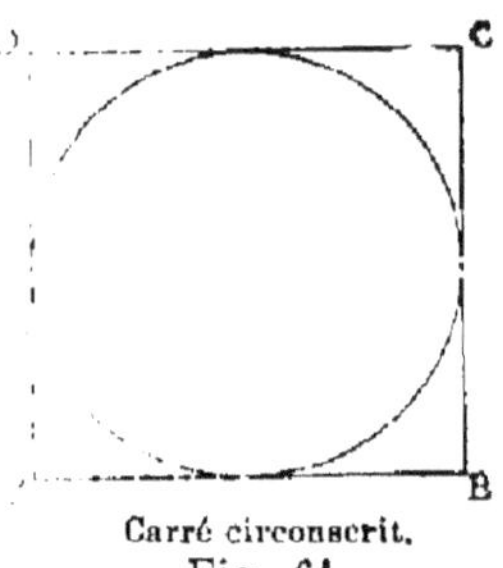

Carré circonscrit.
Fig. 61.

71. Le *centre* d'un polygone régulier est le point qui est à la fois le centre de la circonférence inscrite et de la circonférence circonscrite.

72. Le rayon d'un polygone régulier est la droite menée du centre du polygone au sommet de l'un des angles ; c'est le rayon du cercle circonscrit.

73. L'*apothème* d'un polygone régulier est la perpendiculaire abaissée du centre du polygone sur l'un des côtés ; c'est le rayon du cercle inscrit.

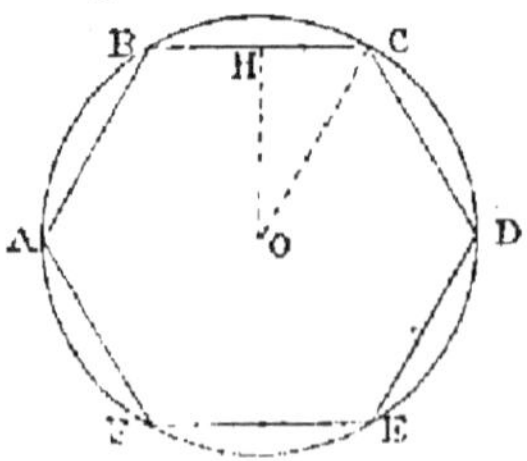

O, centre du polyg. régul. OC, rayon du polyg. rég.
OH, apothème du polygone.
Fig. 62.

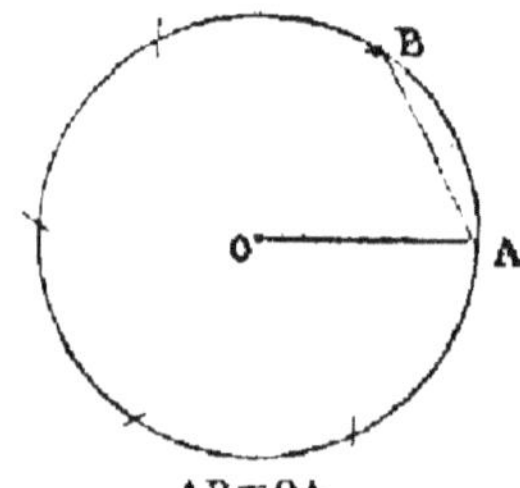

AB = OA.
Fig. 63.

74. Principe IV. *Le côté de l'hexagone régulier inscrit est égal au rayon du cercle.*

75. Principe V. *La somme de tous les angles d'un polygone est égale à autant de fois deux angles droits qu'il y a de côtés moins deux.*

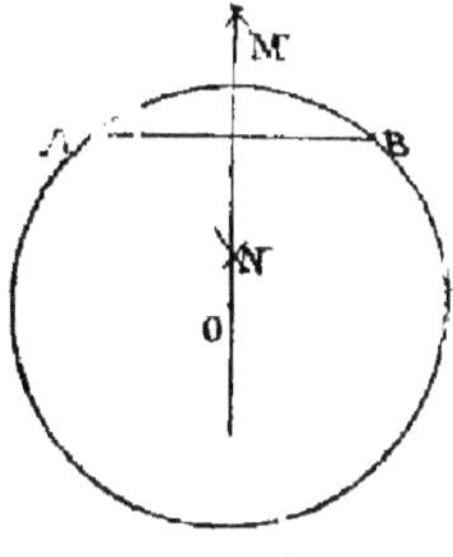

MN passe par le centre O.

Fig. 64.

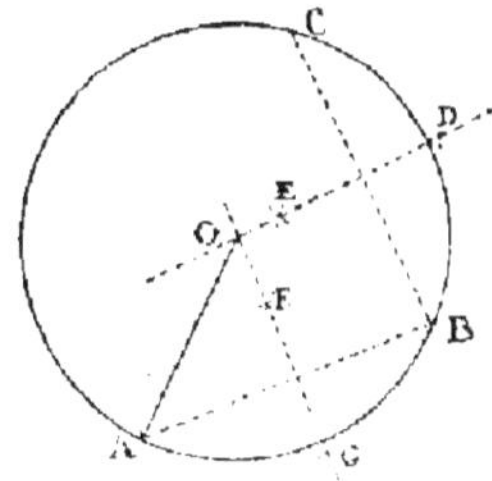

Fig. 65.

76. Principe VI. *La perpendiculaire élevée au milieu d'une corde passe par le centre du cercle et par le milieu de l'arc.*

Voir les Applications sur le chapitre I à la page 35.

CHAPITRE II

ÉVALUATIONS DES SURFACES

§ I. — Polygones.

77. Une *surface* est une étendue considérée sous deux dimensions : longueur et largeur.

78. Pour évaluer une surface, on la compare à la surface choisie pour unité de mesure, laquelle est généralement le mètre carré.

79. Rectangle. *La surface du rectangle égale le produit de sa base par sa hauteur.*

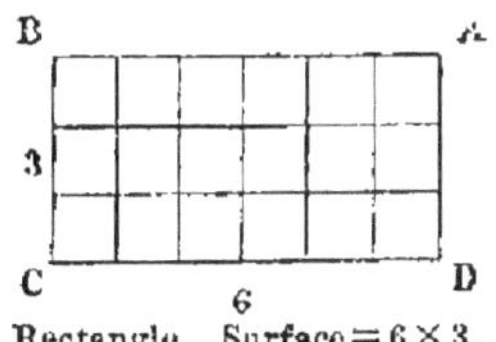

Rectangle. Surface = 6 × 3.

Fig. 66.

EXEMPLE. Soit un rectangle qui a 6 mètres de base et 3 mètres de hauteur. Je multiplie 6 par 3, et j'obtiens 18 mètres carrés pour la surface de ce rectangle.

80. Parallélogramme. *La surface d'un parallélogramme égale le produit de sa base par sa hauteur.*

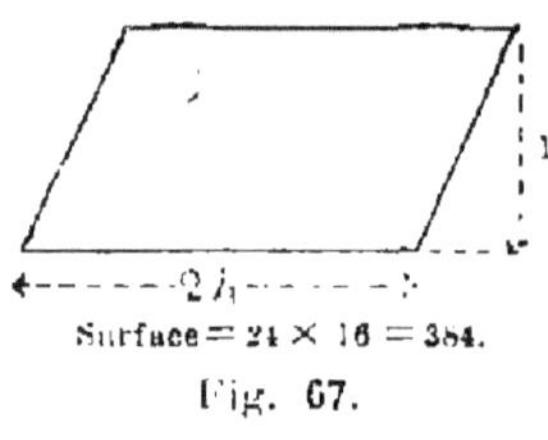
Surface = 24 × 16 = 384.
Fig. 67.

EXEMPLE : Soit un parallélogramme qui a 24 mètres de base et 16 mètres de hauteur. Le produit de 24 par 16 donne 384 mètres carrés pour la surface de ce parallélogramme.

81. Carré. *La surface d'un carré égale le produit du côté par lui-même.*

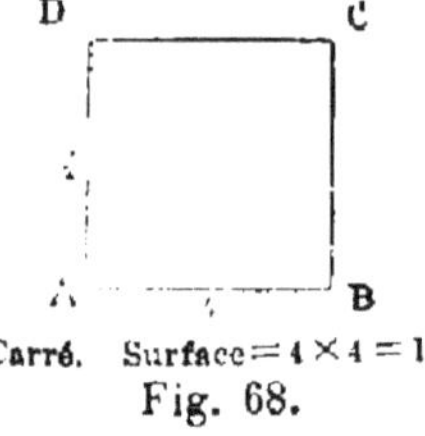
Carré.   Surface = 4 × 4 = 16.
Fig. 68.

EXEMPLE : Soit un carré de 4 mètres de côté. Je multiplie 4 par 4, et j'obtiens 16 mètres carrés pour la surface de ce carré.

82. Losange. *La surface d'un losange égale la moitié du produit de ses deux diagonales.*

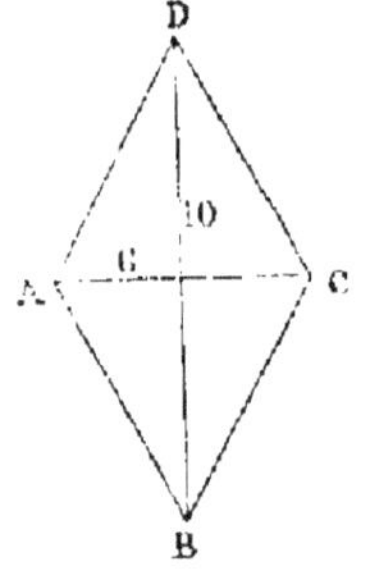
Losange.   Surface = $\dfrac{10 \times 6}{2}$ = 60.
Fig. 69.

EXEMPLE : Soit le losange dont les diagonales ont 10 mètres et 6 mètres. Je multiplie 10 par 6, j'obtiens 60 pour produit. Je prends la moitié de ce produit, et j'obtiens 30 mètres carrés pour la surface de ce losange.

83. Triangle. *La surface d'un triangle égale le produit de sa base par la moitié de sa hauteur.*

Ou bien encore, *la surface d'un triangle égale le produit de sa hauteur par la moitié de sa base.*

EXEMPLE : Soit un triangle qui a 14 mètres de base et 6 mètres de hauteur.

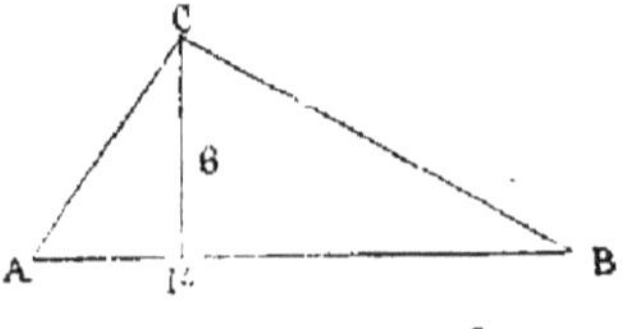
Triangle.   Surface = $14 \times \dfrac{6}{2}$ = 42.
Fig. 70.

1° En multipliant la base par la moitié de la hauteur, j'obtiens :

14 × 3 = 42 mètres carré.

2° En multipliant la hauteur par la moitié de la base, j'obtiens :

6 × 7 = 42 mètres carrés.

84. Trapèze. *La surface d'un trapèze égale le produit de sa hauteur par la demi-somme des bases.*

EXEMPLE : Soit un trapèze dont la hauteur a 7 mètres et les deux bases 10 mètres et 16 mètres.

La demi-somme des bases égale

$$\frac{16+10}{2}=13.$$

La surface du trapèze égale
7 × 13 = 91 mètres carrés.

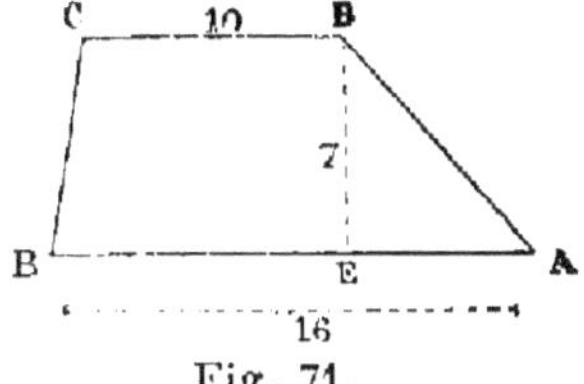
Fig. 71.

85. Polygone quelconque. La surface d'un polygone quelconque s'obtient par plusieurs procédés.

1ᵉʳ moyen. *On décompose le polygone en triangles, on cherche la surface de chaque triangle séparément, et on fait la somme de ces surfaces.*

Triang. ABE $= 18 \times \dfrac{10}{2} = 90$

«   BCE $= 13 \times \dfrac{20}{2} = 130$

«   DCE $= 11 \times \dfrac{20}{2} = 110$

Polygone total. $= 330^{mq}$

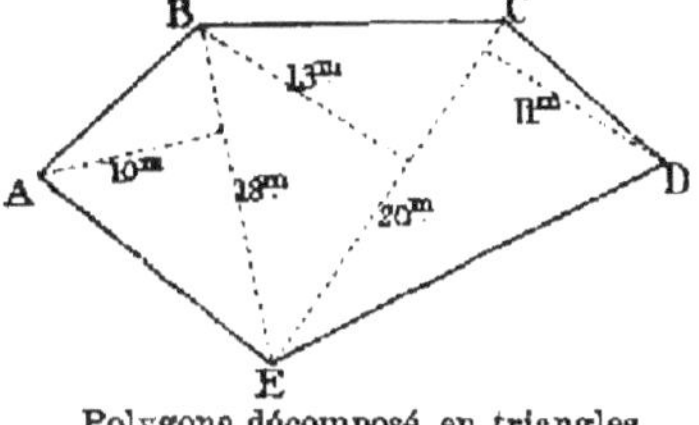
Polygone décomposé en triangles.
Fig. 72.

2ᵒ moyen. *On décompose le polygone en triangles rectangles et en trapèzes rectangles.*

EXEMPLE : Soit un polygone ABCDEF. Joignez deux sommets du polygone, et des autres sommets, abaissez des perpendiculaires sur cette droite. Cherchez séparément la surface de ces triangles et de ces trapèzes rectangles, et faites-en la somme.

Triangle AFH $= 10 \times \dfrac{6}{2} = 30$

«   ABI $= 10 \times \dfrac{14}{2} = 70$

«   ELD $= 19 \times \dfrac{12}{2} = 114$

«   DNC $= 9 \times \dfrac{4}{2} = 18$

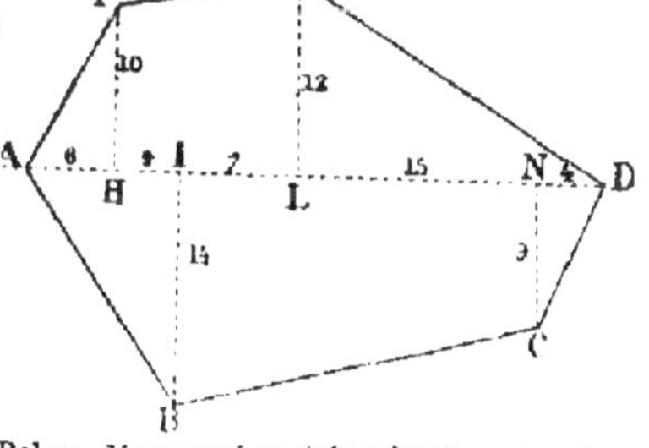
Polyg. décomposé en triangles et en trapèzes.
Fig. 73.

Total des triangles $= 232$ $232^{mq}.$

Trapèze ELHF $= 11 \left(\dfrac{10+12}{2} \right) = 121$

«   INCB $= 22 \left(\dfrac{14+9}{2} \right) = 253$

Total des trapèzes. 374 374^{mq}

Aire du polygone. . 606^{mq}

86. **Polygone régulier.** *La surface d'un polygone régulier égale le produit du périmètre par la moitié de l'apothème.*

Surface $= \frac{42 \times 6,06}{2} = 127$ mq 26.

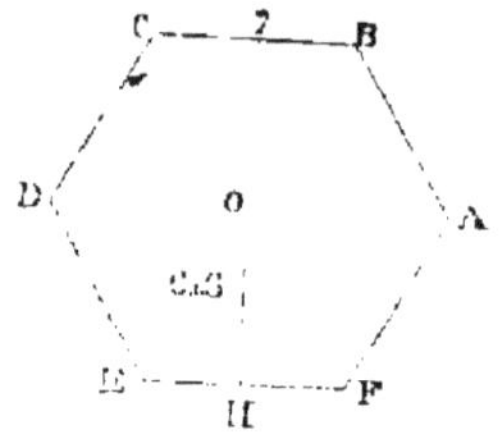

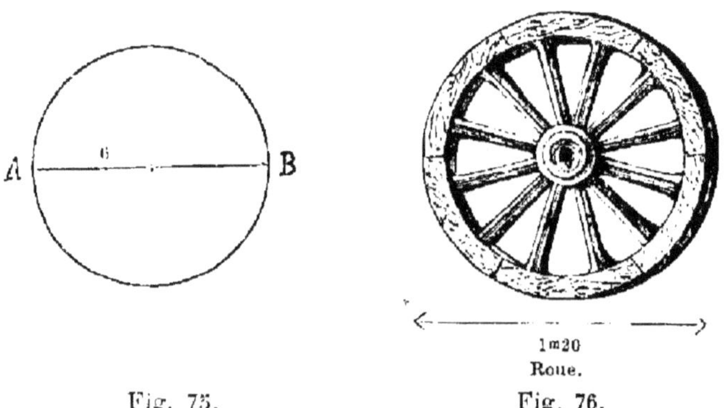

Fig. 74.

EXEMPLE : Soit un hexagone régulier dont le côté est de 7 m et l'apothème de 6 m 06.

Le périmètre égale $7 \times 6 = 42$.

Le produit du périmètre par la moitié de l'apothème égale

$$42 \times \frac{6,06}{2} = 127,26.$$

La surface de l'hexagone égale 127 mq 26.

§ II. — Cercle.

87. **Longueur de la circonférence.** *La longueur de la circonférence égale le diamètre multiplié par* 3,1416.

88. Le nombre 3,1416 indique le rapport de la circonférence à son diamètre, ou, en d'autres termes, le quotient qu'on obtient en divisant la longueur de toute circonférence par son diamètre.

On représente le nombre 3,1416... par la lettre grecque π, que l'on prononce *pi*.

EXEMPLE I. Soit un cercle de 6 mètres de diamètre (fig. 75).

Fig. 75.

1m20

Roue.

Fig. 76.

La circonférence égale $6 \times 3,1416 = 18^{m}8496$.

EXEMPLE II. Soit encore à trouver la longueur de la circonférence d'une roue de 1 m 20 de diamètre.

La circonférence égale $1,20 \times 3,1416 = 3^{m}77$.

89. **Longueur du diamètre.** *On obtient le diamètre d'un cercle en divisant la circonférence par π.*

EXEMPLE I : Soit une circonférence de $78^m 54$.

Le diamètre égale $\dfrac{78,54}{3,1416} = 25$ mèt.

EXEMPLE II : Soit encore à trouver le diamètre d'un arbre qui a $2^m 40$ de circonférence.

Le diamètre égale $\dfrac{2,40}{3,1416} = 0^m,76$.

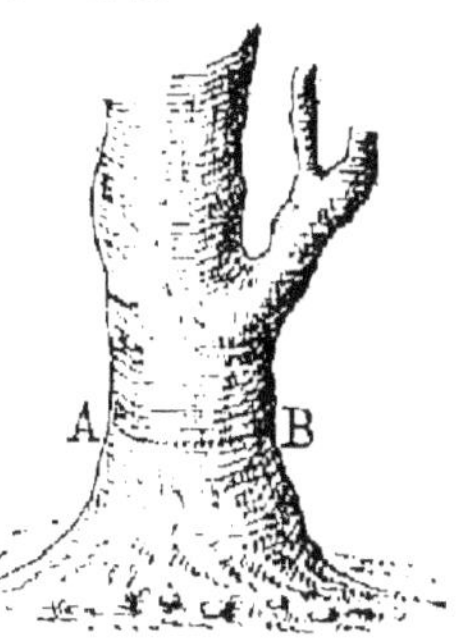
Tronc d'arbre.
Fig. 77.

90. Surface du cercle. 1° *La surface du cercle égale le produit de la circonférence par la moitié du rayon.*

EXEMPLE : Soit un cercle de 12 mètres de rayon.

La circonférence égale $24 \times 3,1416 = 75,3984$.

La moitié du rayon égale $\dfrac{12}{2} = 6$.

La surface du cercle $=$
$= 75,3984 \times 6 = 452,3904$.
Soit $452^{mq} 39$.

91. 2° Autre manière plus généralement employée pour trouver la surface du cercle.

La surface du cercle égale le carré du rayon multiplié par le nombre π.

EXEMPLE : Soit le même cercle de 16 mètres de rayon.
Le carré du rayon $= 6 \times 6 = 36$.
La surface du cercle égale
$36 \times 3,1416 = 113^{mq},0976$.

92. Surface de la couronne. *La surface de la couronne est la différence des deux cercles qui lui servent de limites.*

EXEMPLE I : Soit une couronne limitée par deux cercles qui ont 8 mètres et 6 mètres pour rayons.
Surface du grand cercle égale
$\pi \times 8^2 = 201,0624$.
Surface du petit cercle égale
$\pi \times 6^2 = 113,0976$.
Surface de la couronne égale
$201,0624 - 113,0976 = 87,9648$.
Soit $87^{mq} 9648$.

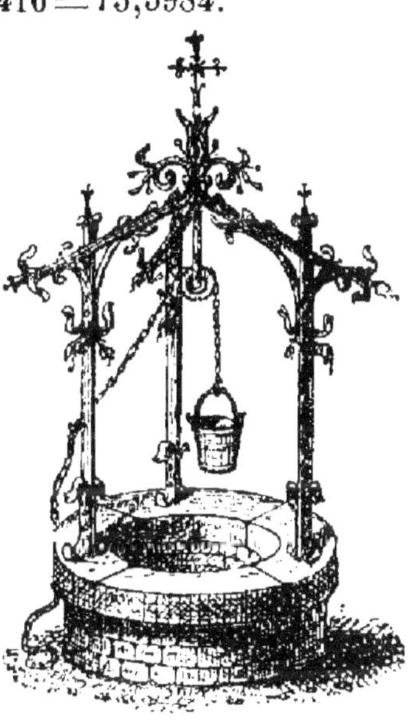
Puits.
Fig. 78.

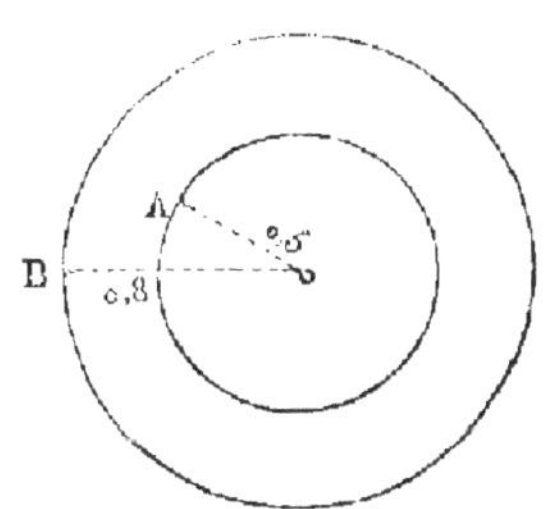
Couronne.
Fig. 79.

EXEMPLE II : Soit encore à trouver la surface supérieure de la margelle d'un puits, dont les rayons des deux cercles ont 0^m 50 et 0,80.

Surface du grand cercle $= \pi \times 0,80 \times 0,80 = 2^{mq},010624$.
Surface du petit cercle $= \pi \times 0,50 \times 0,50 = 0.785400$.
Surface de la couronne $= 2,010624 - 0,785400 = 1,225224$.
Soit 1^{mq} 2252.

§ III. — Le carré de l'hypoténuse.

93. Principe VII. *Le carré construit sur l'hypoténuse d'un triangle rectangle égale la somme des carrés construits sur les deux autres côtés.*

94. Soient les nombres 5, 4 et 3, dont les carrés sont 25, 16 et 9. Comme $25 = 16 + 9$, j'en conclus, d'après le principe précédent, qu'on formerait un triangle rectangle en prenant trois lignes qui seraient entre elles comme les nombres 5, 4 et 3.

95. Ces mêmes nombres 3, 4 et 5 servent à vérifier si deux murs sont à angle droit.

On peut opérer à l'extérieur et à l'intérieur de l'angle.

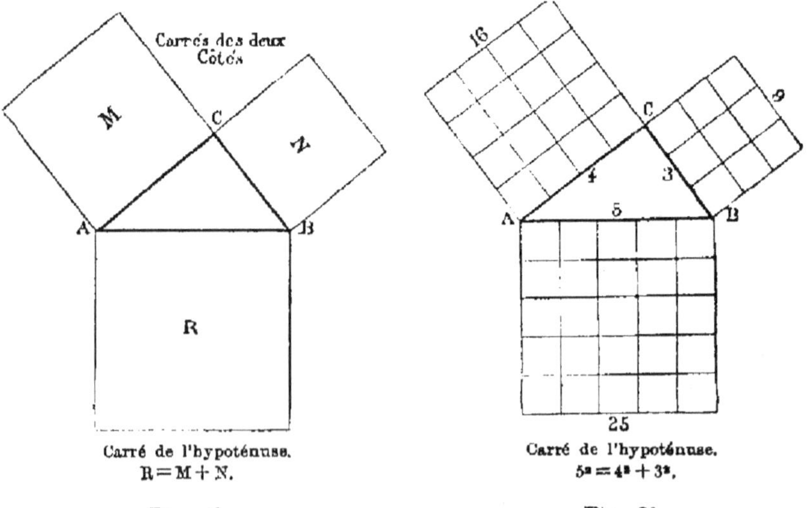

Carré de l'hypoténuse.
$R = M + N$.

Fig. 80.

Carré de l'hypoténuse.
$5^2 = 4^2 + 3^2$.

Fig. 81.

A l'extérieur de l'angle, on porte 3 mètres sur le prolongement de DA et 4 mètres sur AB. Si la droite BC a moins ou plus de 5 mètres, l'angle des deux murs n'est pas droit.

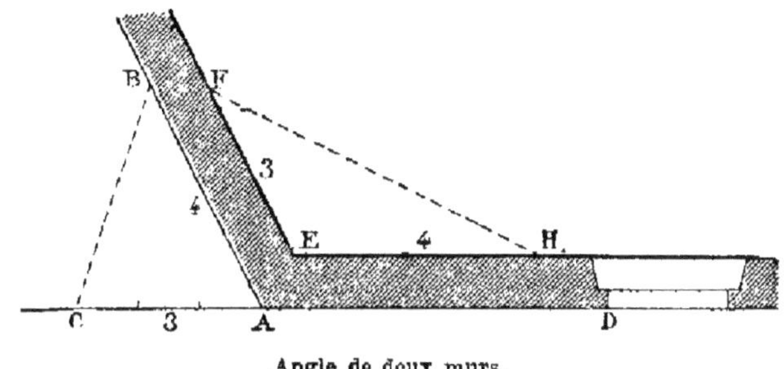

Angle de deux murs.
Fig. 82.

On opérerait de la même manière à l'intérieur de l'angle.

§ IV. — Similitude.

96. Rapport de deux lignes. *Le rapport de deux lignes est le même que le rapport des nombres qui expriment leur longueur.*

1° Soit la ligne A de 3 mètres et la ligne B de 6 mètres. 3 est la moitié de 6, la ligne A est elle-même la moitié de la ligne B.

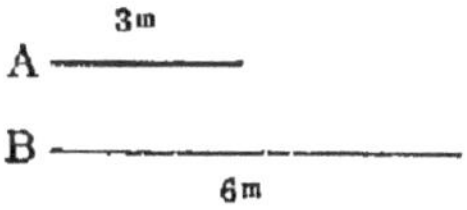

Rapport de deux lignes.
Fig. 83.

2° Soit C une ligne de 5 mètres et D une ligne de 7 mètres.

Le nombre 5 est les $\frac{5}{7}$ de 7; de même la ligne C est les $\frac{5}{7}$ de la ligne D.

97. Moyenne proportionnelle. *Une ligne moyenne proportionnelle à deux autres est une troisième ligne qui occupe les moyens dans une proportion dont les deux autres lignes occupent les extrêmes.*

Soient les lignes *a*, *b*, *c*, qui ont pour longueurs 2 mètres, 4 mètres et 8 mètres, ces nombres donnent les rapports égaux $\frac{2}{4} = \frac{4}{8}$.

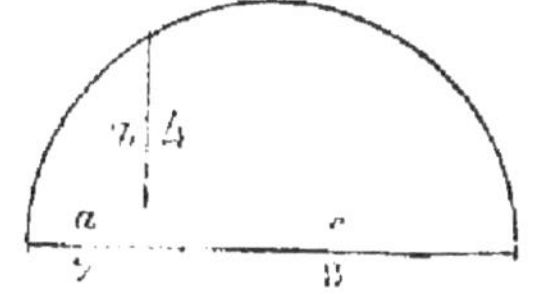

Moyenne proportionnelle.
Fig. 84.

Si on remplace les chiffres par les lignes, on pourra écrire $\frac{a}{b} = \frac{b}{c}$. La ligne *b* occupe les deux moyens de cette proportion, c'est **une moyenne proportionnelle.**

98. Principe VIII. *La perpendiculaire abaissée d'un point de la circonférence sur un diamètre est moyenne proportionnelle entre les deux segments ou parties qu'elle détermine sur ce diamètre.*

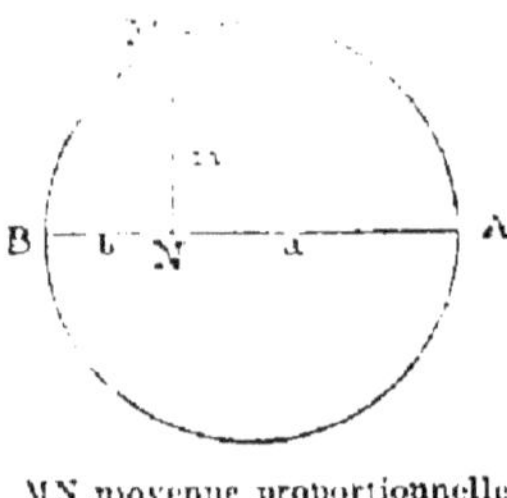

MN moyenne proportionnelle
entre AN et NB.
Fig. 85.

Soit une circonférence dans laquelle on a mené le diamètre AB et la perpendiculaire m qui détermine les segments a et b. On peut écrire la proportion $\dfrac{a}{m} = \dfrac{m}{b}$.

99. Figures semblables. On appelle *figures semblables* des figures qui ont même forme sans avoir même grandeur.

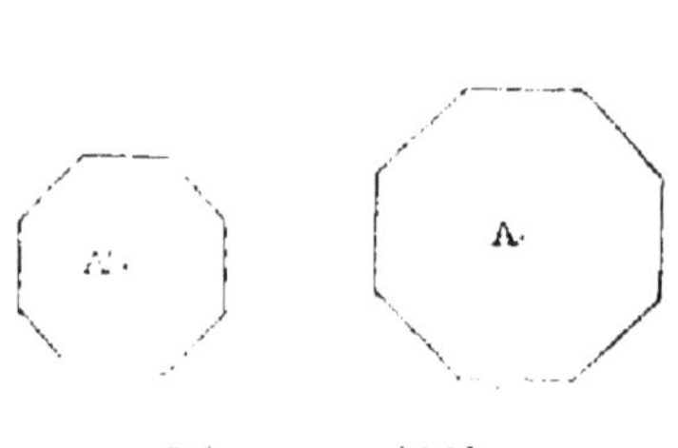

Polygones semblables.
Fig. 86.

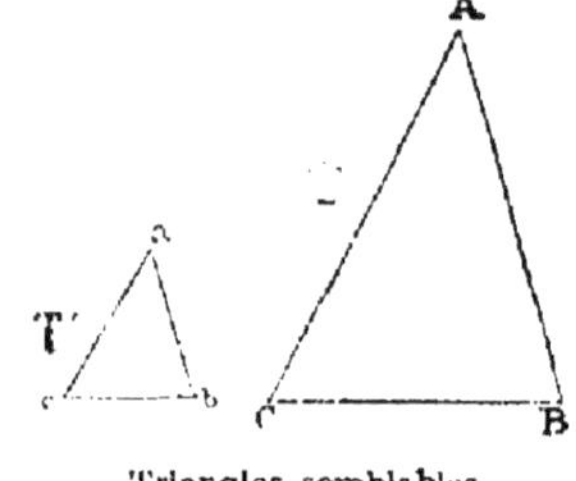

Triangles semblables.
Fig. 87.

Les cercles sont toujours des figures semblables.

Les carrés sont toujours des figures semblables.

Les polygones réguliers d'un même nombre de côtés sont toujours des figures semblables.

100. Les polygones semblables ont les angles respectivement égaux et les côtés homologues proportionnels.

101. On appelle *côtés homologues,* dans les figures semblables, les côtés qui se correspondent.

Les deux triangles ABC et *abc* (fig. 87) étant semblables, si le côté *ab* est moitié du côté AB, le côté *ac* est de même la moitié du côté AC; et, de plus, les trois angles de l'un sont respectivement égaux aux angles de l'autre.

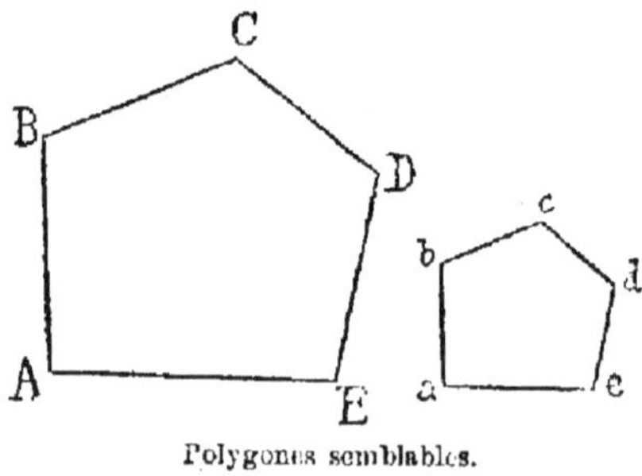

Polygones semblables.
Fig. 88.

Dans les deux polygones semblables ABCDE et *abcde* (fig. 88), les côtés AB et *ab*, qui se correspondent, sont dans le même rapport que les côtés BC et *bc*. Il en est de même des autres côtés qui sont homologues. De plus, l'angle A égale l'angle *a*, l'angle B égale *b*, ainsi des autres angles.

102. Un tableau et sa reproduction par la photographie sont des figures semblables.

TABLEAU

La photographie réduit, il est vrai, les dimensions du tableau, mais il y a constamment le même rapport entre les lignes du tableau et les lignes correspondantes de la photographie. Les angles restent les mêmes.

Reproduction.

§ V. — Rapport des périmètres et des surfaces des figures semblables.

103. Rapport des périmètres. *Les périmètres de deux figures semblables sont dans le même rapport que celui de deux côtés homologues.*

Soient les triangles T′ et T, dont les bases ont 10 mètres

et 30 mètres. La base DF étant le tiers de la base AC, le périmètre DEF du triangle T est le tiers du périmètre ABC du triangle T' : c'est ce que nous allons vérifier.

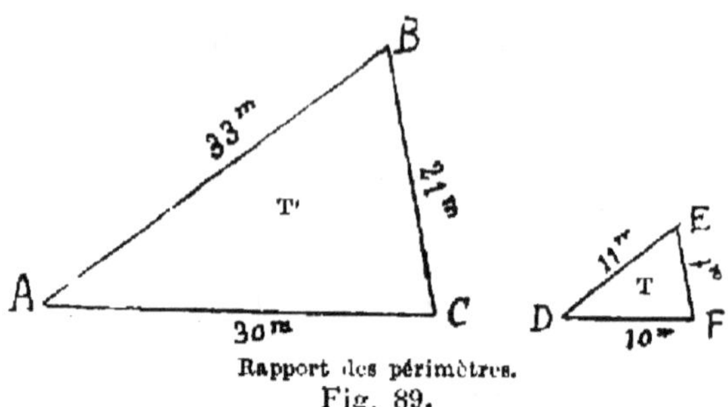

Rapport des périmètres.
Fig. 89.

Vérification. Le périmètre du triangle DEF égale
$$10 + 11 + 7 = 28.$$
Le périmètre du triangle ABC égale $30 + 33 + 21 = 84$.

Or $\dfrac{28}{84} = \dfrac{1}{3}$. C'est-à-dire que le périmètre du triangle **T** est effectivement le tiers du périmètre du triangle T'.

104. Rapport des surfaces. *Les surfaces de deux figures semblables sont dans le même rapport que celui des carrés de deux côtés homologues.*

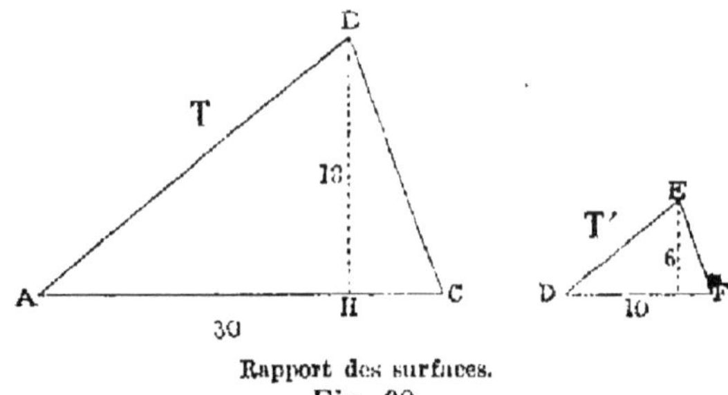

Rapport des surfaces.
Fig. 90.

Soient les mêmes triangles T et T', qui ont pour bases 30 mètres et 10 mètres.

Le carré de $30 = 30 \times 30 = 900$.

Le carré de $10 = 10 \times 10 = 100$.

Le nombre 900 contient 9 fois 100. J'en conclus que la surface du triangle **T** contient 9 fois la surface du triangle T'.

Vérification. Surface du triangle $T = 30 \times \dfrac{18}{2} = 270$.

Surface du triangle $T' = 10 \times \dfrac{6}{2} = 30$.

270 contient bien 9 fois 30.

Voir les Applications sur le chapitre II à la page 66.

CHAPITRE III

DES SOLIDES

§ I. — Prisme et cylindre.

105. Prisme. Un *prisme* est un solide dont les faces latérales sont des parallélogrammes, et les bases deux polygones égaux et parallèles.

106. On appelle *arête* la ligne formée par l'intersection de deux surfaces planes.

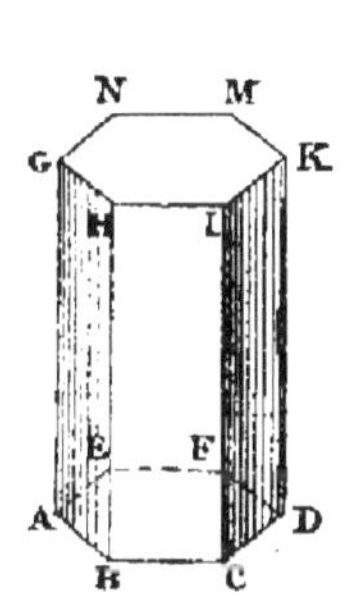

Prisme,
AG, hauteur. IC, IK, arête.
Fig. 91.

Poêle hexagonal.
Fig. 92.

107. Un prisme est *droit* ou *oblique* selon que les arêtes latérales ou côtés sont perpendiculaires ou obliques aux deux bases.

108. La *hauteur* d'un prisme est la perpendiculaire menée de la base supérieure sur la base inférieure.

109. Un prisme est *triangulaire, quadrangulaire, pentagonal, hexagonal,* etc., selon que sa base est un triangle, un quadrilatère, un pentagone, un hexagone, etc.

110. La *surface latérale* d'un prisme est l'ensemble des parallélogrammes qui unissent les deux bases.

111. La *surface totale* d'un prisme comprend la surface latérale et la surface des bases.

1*

112. Surface latérale du prisme droit. *La surface latérale d'un prisme droit égale le produit de sa hauteur par le périmètre de sa base.*

Exemple : Soit un prisme dont le périmètre de la base est de 1 m 20 et la hauteur 0 m 80.

La surface latérale $= 0,80 \times 1,20 = 0^{mq} 96$.

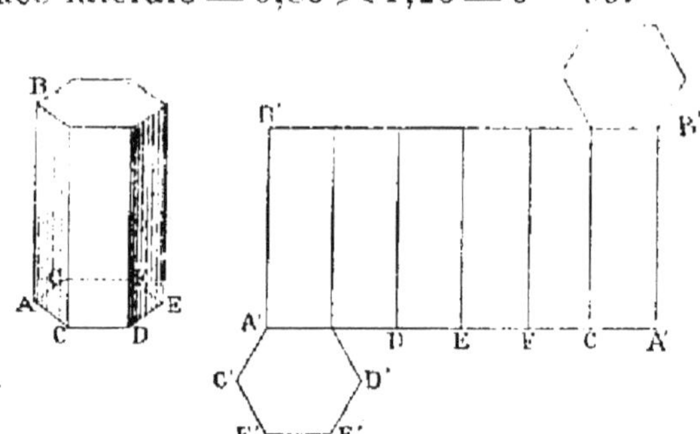

Prisme.
Périmètre, 1 m 2. Hauteur, 0 m 8.

Surface développée.
Surf. latérale, $1,2 \times 0,8 = 0$ mq 96.

Fig. 93.

113. En développant la surface latérale d'un prisme droit on obtient un rectangle, qui a pour base le périmètre de la base du prisme et pour hauteur la hauteur du prisme (fig. 93).

114. Volume du prisme. *Le volume d'un prisme quelconque égale le produit de la surface de sa base par sa hauteur.*

Exemple : Soit un prisme dont la surface de la base égale $4^{mq} 32$ et sa hauteur 0 m 80.

Le volume de ce prisme égale $4,32 \times 0,80 = 3^{mc} 456$.

LE CUBE

115. Le *cube* est un prisme quadrangulaire dont les quatre faces et les deux bases sont six carrés égaux.

Exemple : Un dé à jouer.

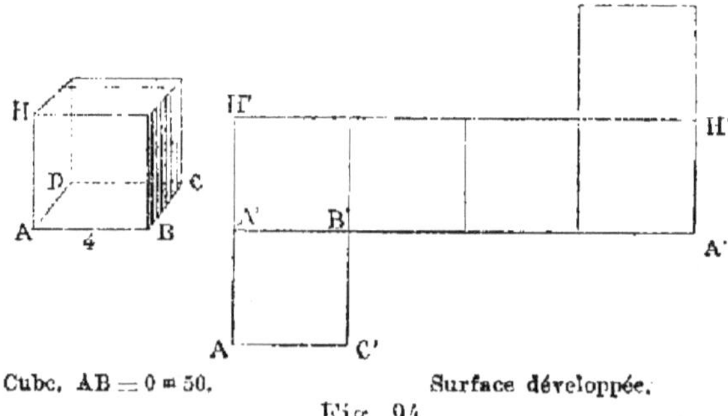

Cube, AB $= 0$ m 50.

Surface développée.

Fig. 94.

116. Surface du cube. *On obtient la surface totale d'un cube en multipliant par 6 le carré de son arête ou côté.*

EXEMPLE : Soit un cube dont l'arête a 0^m 50 de longueur.
Le carré de l'arête égale $0,50 \times 0,50 = 0,25$.
La surface du cube égale $0,25 \times 6 = 1^{mq}$ 50.

117. Volume du cube. *On obtient le volume d'un cube en élevant son côté à la troisième puissance.*

La troisième puissance d'un nombre est le produit qu'on obtient en prenant ce nombre trois fois comme facteur.

La 3e puissance de 5 égale $5 \times 5 \times 5 = 125$.

EXEMPLE I : Soit un cube dont le côté égale 0,50.

La 3e puissance de 0,50 égale
$$0,5 \times 0,5 \times 0,5 = 0,125.$$

Le volume du cube est donc de 0^{m3} 125.

EXEMPLE II : Soit à trouver le volume d'un dé à jouer de 0^m 03 de côté.

Le volume $= 0,03 \times 0,03 \times 0,03 = 0^{mc}$ 000027^{cq}.

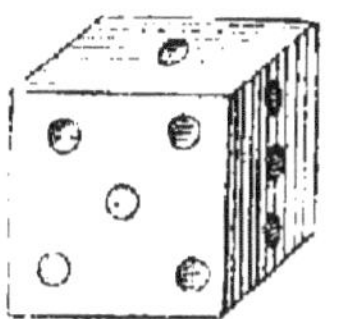

Dé à jouer.

Fig. 95.

CYLINDRE

118. Un *cylindre* est un solide qui peut être considéré comme un prisme ayant pour bases des cercles égaux

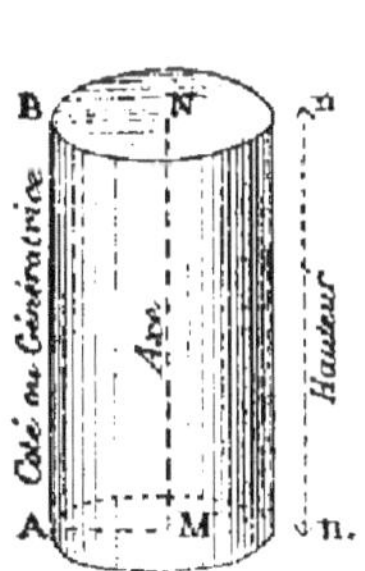

Cylindre.
MN, hauteur.
AB, côté ou génératrice.
BN, AM, rayon des bases.
Fig. 96.

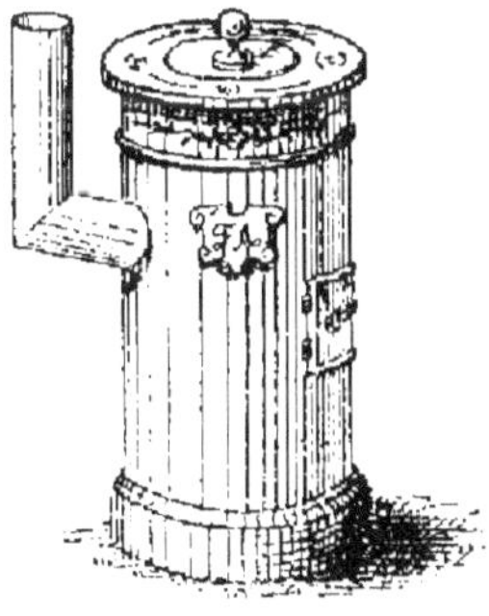

Poêle cylindrique.

Fig. 97.

119. La *hauteur* d'un cylindre est la perpendiculaire menée de la base supérieure sur la base inférieure.

120. Un cylindre est *droit* ou *oblique* selon que sa génératrice ou *côté* est perpendiculaire aux bases.

Dans un cylindre, comme dans un prisme, on distingue *la surface latérale* et *la surface totale*.

121. Surface latérale du cylindre droit. *La surface latérale d'un cylindre droit égale le produit de sa hauteur par la circonférence de sa base.*

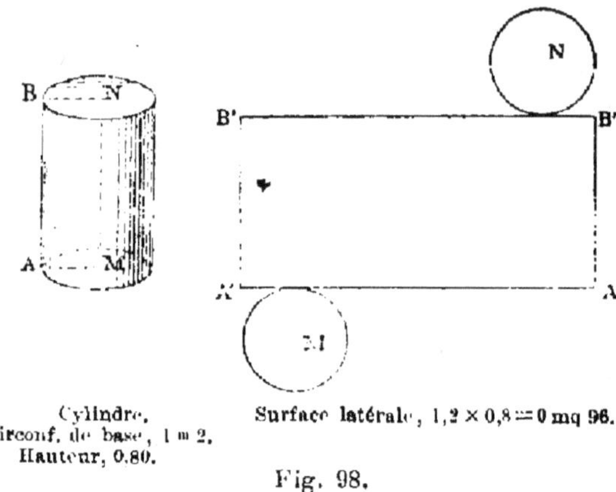

Cylindre.
Circonf. de base, 1 m 2.
Hauteur, 0.80.

Surface latérale, 1,2 × 0,8 = 0 mq 96.

Fig. 98.

Exemple : Soit un cylindre droit qui a 0^m80 de hauteur et 1^m20 pour la circonférence de la base.

La surface latérale égale $0,80 \times 1,20 = 0^{mq}96$.

122. En développant la surface latérale d'un cylindre droit, on obtient un rectangle qui a pour base la circonférence de la base du cylindre, et pour hauteur la hauteur du cylindre.

123. Volume du cylindre. *Le volume d'un cylindre quelconque égale le produit de la surface de sa base par sa hauteur.*

Exemple : Soit un cylindre ayant 0^m80 de hauteur et $0,30$ pour la surface de sa base.

Le volume de ce cylindre égale

$$0,30 \times 0,8 = 0^{mc}24.$$

§ II. — Pyramide et cône.

124. Pyramide. Une *pyramide* est un solide dont les faces latérales sont des triangles qui partent d'un même point et se terminent aux différents côtés d'un polygone, qui est la base de la pyramide.

125. Le *sommet* d'une pyramide est le point de départ de toutes ses faces latérales.

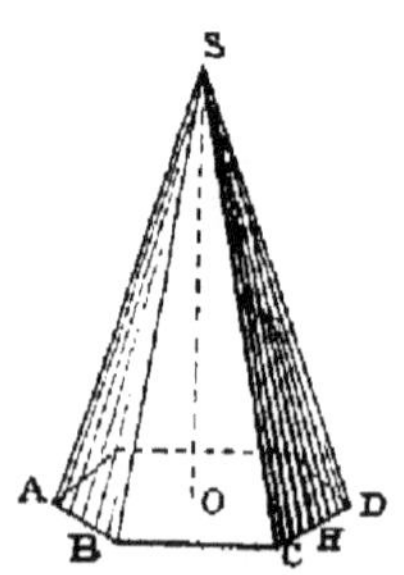

Pyramide.
SO, hauteur. S, sommet.
ABCD, base. SH, apothème.
SA, arête.

Fig. 99.

126. La *hauteur* d'une pyramide est la perpendiculaire abaissée du sommet sur la base.

127. Une pyramide *triangulaire, quadrangulaire, hexagonale, octogonale*, etc., est une pyramide qui a pour base un triangle, un quadrilatère, un hexagone, un octogone, etc.

128. Une pyramide est *régulière* quand sa base est un polygone régulier, et que la hauteur tombe au centre de ce polygone.

129. Dans une pyramide régulière, les faces sont des triangles isocèles. La hauteur de chacun de ces triangles se nomme l'*apothème* de la pyramide.

130. Dans une pyramide régulière il faut distinguer :

1° La hauteur de la pyramide ;

2° La hauteur des faces latérales, ou l'apothème de la pyramide[1] ;

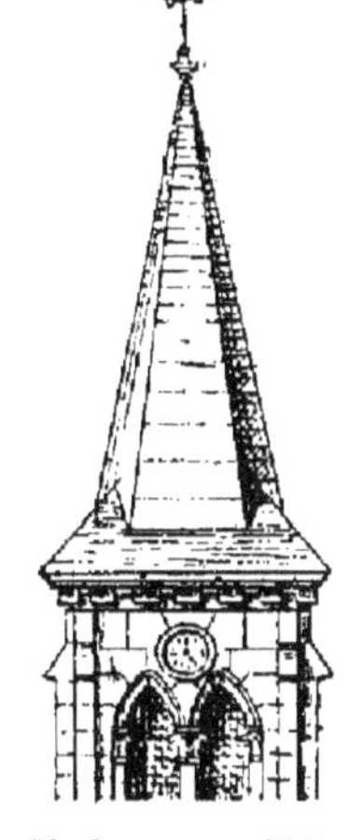

Clocher pyramidal.
Fig. 100.

Les trois grandes pyramides d'Égypte furent construites deux mille ans avant l'ère chrétienne, durant le séjour des Hébreux en Égypte, pour servir de sépultures aux rois. Elles servaient également d'observatoires astronomiques. Elles sont quadrangulaires, et leurs faces sont orientées suivant les points cardinaux. L'intérieur contient une multitude de chambres communiquant entre elles par des passages étroits. La plus grande pyramide a 140 mètres de hauteur et 240 mètres pour le côté du carré de sa base. Le haut de la pyramide, qui d'en bas semble une pointe, est une belle plate-forme carrée de 5 mètres de côté. Les pyramides sont construites d'énormes blocs disposés en forme de degrés. Cette disposition permet de monter extérieurement jusqu'au sommet.

Pyramides d'Égypte. — Fig. 101.

Le Sphinx, qui est à six kilomètres des Pyramides, est une énorme statue taillée dans le roc. Il a 39 mètres de longueur sur 17 mètres de hauteur. Le contour de sa tête mesure 27 mètres. Les sables du désert ont recouvert le corps du Sphinx : la tête seule est visible.

3° L'apothème du polygone régulier, base de la pyramide.

131. Surface latérale de la pyramide. *La surface latérale d'une pyramide régulière égale le produit du périmètre de la base par la moitié de l'apothème de la pyramide.*

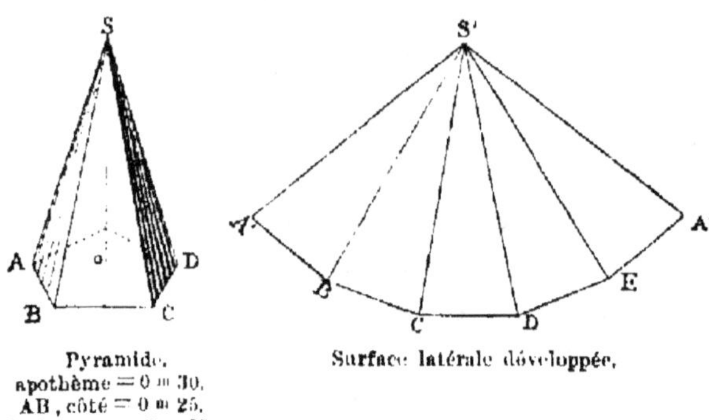

Pyramide.
apothème = 0 m 30.
AB, côté = 0 m 25.
SO, hauteur = 0 m 27.

Surface latérale développée.

Fig. 102.

EXEMPLE : Une pyramide pentagonale régulière a 0,25 pour le côté du polygone de sa base, son apothème est de 0,30.
Le périmètre de sa base égale $0,25 \times 5 = 1,25$.

La surface latérale égale $1,25 \times \dfrac{0,30}{2} = 0^{mq} 1875$.

132. Volume de la pyramide. *Le volume d'une pyramide quelconque égale le produit de la surface de sa base par le tiers de sa hauteur.*

EXEMPLE : Soit une pyramide ayant 0^{mq} 25 pour la surface de sa base et 0^m 27 de hauteur.

Le volume de cette pyramide égale

$$\frac{0,25 \times 0,27}{3} = 0^{mc} 0225.$$

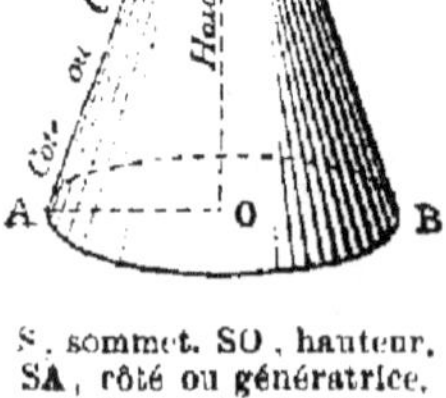

S, sommet. SO, hauteur.
SA, côté ou génératrice.
AOB, cercle de base.

Fig. 103.

133. Cône. Un *cône* droit est un solide qui peut être considéré comme une pyramide ayant un cercle pour base.

134. La *hauteur* d'un cône est la perpendiculaire abaissée de son sommet sur sa base.

135. Dans le cône comme dans la pyramide, on distingue *la surface latérale* et *la surface totale.*

136. Surface latérale du cône. *La surface latérale d'un* *cône droit égale le produit de la circonférence de la base par la moitié de la génératrice ou côté.*

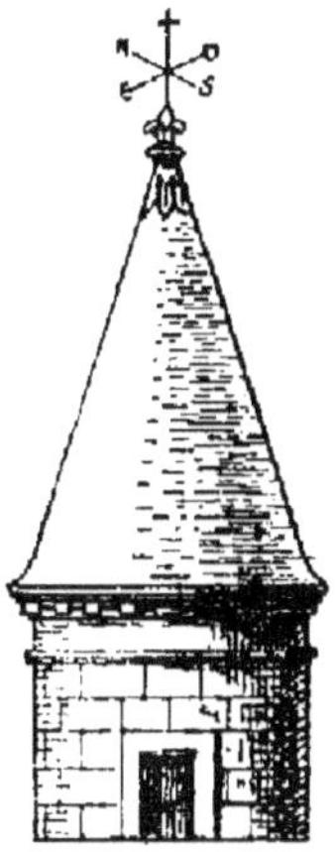

Tourelle à toit conique.

Fig. 104.

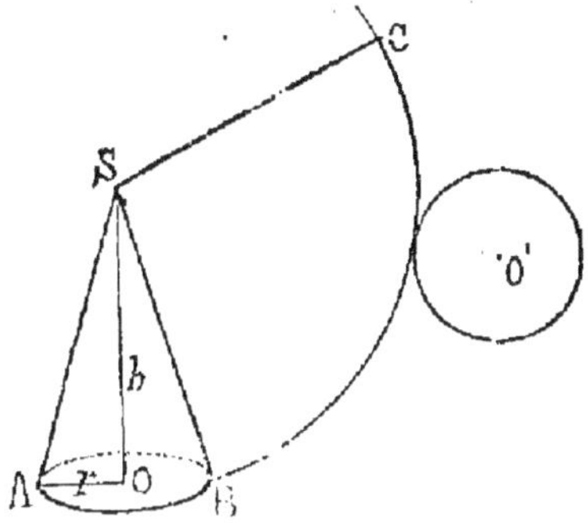

Hauteur SO = 0 m 4.
Rayon AO = 0 m 3.
Côté SA = 0 m 5.

Surface développée.

Fig. 105.

Exemple : Soit un cône dont la circonférence de la base est de $1^{m}885$ et la génératrice 0,50.

La surface latérale de ce cône $= \dfrac{1,885 \times 0,50}{2} = 0^{mq}4712.$

137. Volume du cône. *Le volume d'un cône quelconque égale le produit de la surface de sa base par le tiers de sa hauteur.*

Exemple : Soit un cône dont la surface de la base est de $0^{mq}78$, et la hauteur 0,40.

Le volume de ce cône égale $\dfrac{0,78 \times 0,40}{3} = 0^{mc}104.$

138. Tronc de cône. Un *tronc de cône droit* est le solide qui reste quand on retranche la partie supérieure d'un cône droit par une section parallèle à sa base.

139. Surface latérale d'un tronc de cône. *La surface latérale d'un tronc de cône droit s'obtient en multipliant son côté par la demi-somme des circonférences des bases.*

La demi-somme des circonférences des bases représente la longueur de la circonférence moyenne qui se trouve à égale distance des deux bases.

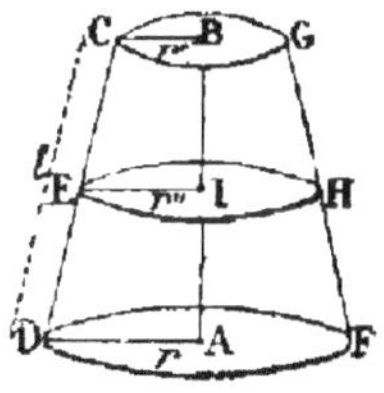

Tronc de cône.
AB, hauteur. CD, côté ou génératrice.
Cercle AD, base inférieure.
Cercle BC, base supérieure.
Cercle EI, base moyenne.

Fig. 106.

EXEMPLE : Soit un tronc de cône ayant les dimensions suivantes :

Circonférence supérieure $= 0^m 25$.
Circonférence inférieure $= 1^m 256$.
Côté $= 0^m 30$.

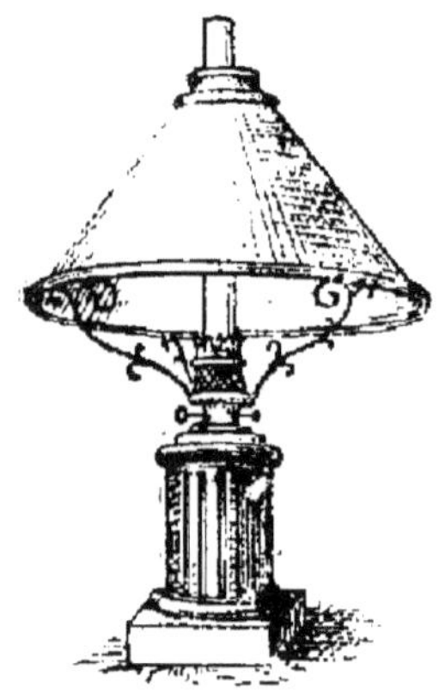

Lampe avec abat-jour.
Côté de l'abat-jour $= 0^m 30$.
Rayon supérieur $= 0^m 04$.
Rayon inférieur $= 0^m 20$.
Fig. 107.

La demi-somme des circonférences
$$= \frac{0.25 + 1.256}{2} = 0,753.$$

La surface latérale de ce tronc de cône égalera

$$0,753 \times 0,30 = 0^{mq} 2259.$$

AUTRE EXEMPLE : Soit à chercher la surface latérale d'un abat-jour d'une lampe qui a les dimensions suivantes :

Côté $= 0,30$.
Rayon supérieur $= 0,04$.
Rayon inférieur $= 0,20$.

Circonférence supérieure
$$= 0,04 \times 2 \times 3,1416 = 0,251328.$$

Circonférence inférieure
$$= 0,20 \times 2 \times 3,1416 = 1,25664.$$

La demi-somme des deux circonférences égale

$$\frac{0,251328 \times 1,25664}{2} = 0,753984.$$

La surface latérale $= 0,753884 \times 0,30 = 0^{mq} 2261652$.

140. Volume du tronc de cône. *Pour obtenir le volume d'un tronc de cône, on ajoute le carré du rayon de la base inférieure au carré du rayon de la base supérieure et au produit de ces deux rayons. On multiplie cette somme par π, et le produit obtenu est ensuite multiplié par le tiers de la hauteur.*

EXEMPLE I. Soit un tronc de cône ayant les dimensions suivantes :

Rayon de la base inférieure $= 0,5$
Rayon de la base supérieure $= 0,40$.
Hauteur $= 0,60$.
Le carré du grand rayon $= 0,50 \times 0,50 = 0,25$.
Le carré du petit rayon $= 0,40 \times 0,40 = 0,16$.
Le produit des deux rayons $= 0,50 \times 0,40 = 0,20$.

La somme de ces carrés et de ce produit égale

$$0,25 + 0,16 + 0,20 = 0,61.$$

Le volume du tronc de cône égale

$$0,61 \times \pi \times \frac{0,60}{3} = 0^{mc}383.$$

EXEMPLE II : Soit à chercher la contenance d'un seau ayant la forme d'un tronc de cône et les dimensions suivantes :

Hauteur $= 0,45$.

Rayon supérieur $= 0,15$.

Rayon inférieur $= 0,10$.

En effectuant les calculs indiqués dans l'expression du volume du tronc de cône, nous avons :

Seau.

Fig. 108.

$$[(0,15 \times 0,15) + (0,10 \times 0,10) + (0,15 \times 0,10)] \times$$

$$\times 3,1416 \times \frac{45}{3} = 0,0223839. \text{ Soit volume du seau : 22 litres.}$$

§ III. — Sphère.

141. Une *sphère* est un solide limité par une surface courbe dont tous les points sont également éloignés d'un point intérieur qu'on nomme *centre*.

142. Le *rayon* de la sphère est une droite qui va du centre à un point quelconque de la surface.

143. Surface de la sphère. *La surface de la sphère égale quatre fois celle d'un cercle qui aurait le même rayon que la sphère.*

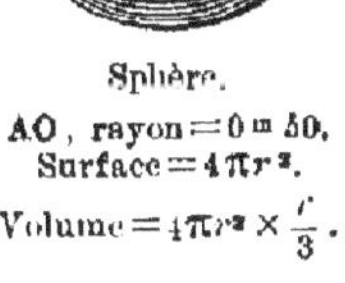

Sphère.

AO, rayon $= 0^m 50$.
Surface $= 4\pi r^2$.

Volume $= 4\pi r^2 \times \dfrac{r}{3}$.

Fig. 109.

Soit une sphère de $0^m 50$ de rayon.

La surface d'un cercle de $0,50$ de rayon égale

$$0,50 \times 0,50 \times 3,1416 = 0,7854.$$

La surface de la sphère égale 4 fois celle de ce cercle, ou $0,7854 \times 4 = 3^{mq}1416$.

144. Volume de la sphère. *Le volume de la sphère s'obtient en multipliant sa surface par le tiers de son rayon.*

Soit une sphère de $0^m 50$ de rayon.

La surface déjà trouvée est de $3^{mq}1416$.

Le volume de la sphère égale

$$3,1416 \times \frac{0,50}{3} = 0^{mc}0,5236.$$

145. Rapport des volumes. *Les volumes de deux solides semblables sont dans le même rapport que celui des cubes, ou troisième puissance de deux dimensions homologues.*

Toutes les sphères étant des solides semblables, leurs volumes seront dans le même rapport que celui des cubes de leurs rayons.

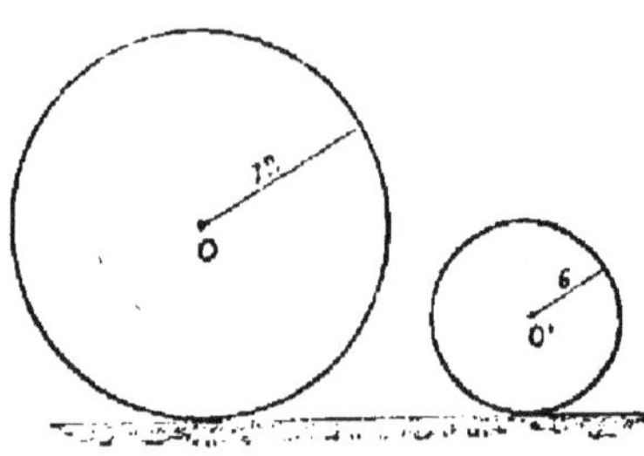

Fig. 110.

EXEMPLE : Soient deux sphères ayant pour rayons 6 mètres et 12 mètres. Leurs volumes sont entre eux comme les cubes de 6 et de 12, c'est-à-dire comme 216 est à 1728, ou comme 1 est à 8.

Vérification. Le volume de la petite sphère égale
$$4 \times 3{,}1416 \times 6 \times 6 \times \frac{6}{4} = 904^{\text{mc}} 7808.$$

Le volume de la grande sphère égale
$$4 \times 3{,}1416 \times 12 \times 12 \times \frac{12}{3} = 7238{,}2464.$$

D'où l'on voit que le volume de la petite sphère est bien contenu 8 fois dans le volume de la grande sphère.

146. Remarque. Les surfaces de deux solides semblables sont dans le même rapport que les carrés des dimensions homologues ; il en est de même de deux faces homologues.

Voir les applications sur le chapitre III à la page 82.

DEUXIÈME PARTIE

APPLICATIONS

CHAPITRE I

§ 1. — Tracé de la ligne droite.

147. La ligne droite se rencontre souvent dans la pratique : les arêtes des meubles, les bords des feuillets d'un livre, d'un cahier ; les arêtes des règles carrées ou plates, etc., sont des *lignes droites*.

148. Tracé des lignes droites. Pour tracer une ligne droite, on fait glisser le long d'une règle un crayon ou un tire-ligne, une plume, un poinçon, etc.

Fig. 111.

On peut remplacer la règle par une feuille de papier pliée en deux.

Pour faire passer une ligne droite par deux points M et N on place la règle de manière que l'un de ses bords passe par ces deux points.

Fig. 112.

Si l'on doit prolonger une droite déjà tracée (fig. 112), on place la règle de manière que l'un de ses bords soit appliqué sur une portion de la droite déjà tracée.

149. Vérification de la règle. Soit à vérifier la règle ACB. On trace une ligne sur le bord de AB, on retourne ensuite la règle sens dessus dessous, comme si AB était une charnière, de manière

Fig. 113.

à lui donner la nouvelle position AC′B, les points A et B ne changeant pas de place. On trace encore une ligne suivant le bord AB ; si les deux lignes n'en forment qu'une seule, la règle est droite.

Fig. 114.

Souvent une simple visée sur le bord de la règle, dans le

sens de la longueur, suffit pour voir si une règle est droite.

150. Le charpentier, le scieur de long, se servent, pour tracer

des lignes droites, d'un cordeau enduit d'une matière colorante, de craie, de suie, etc. Après avoir tendu ce cordeau, on le pince en l'écartant de la surface où doit être tracée la ligne droite ; lorsqu'on l'abandonne, il revient à sa position première

Fig. 115.

et y marque une empreinte rectiligne.

Le maçon, pour se guider dans la construction d'un mur, tend un cordeau au moyen de deux tiges A et B enfoncées dans le mur.

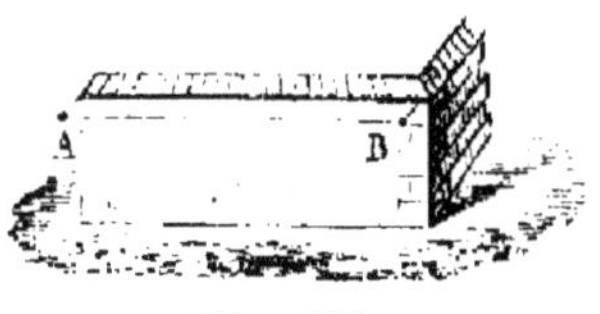

Fig. 116.

Fig. 117.

Le jardinier tend un cordeau entre deux piquets.

151. Mesure des lignes droites. Les lignes tracées sur le papier se mesurent au moyen du double décimètre, que l'on dis-

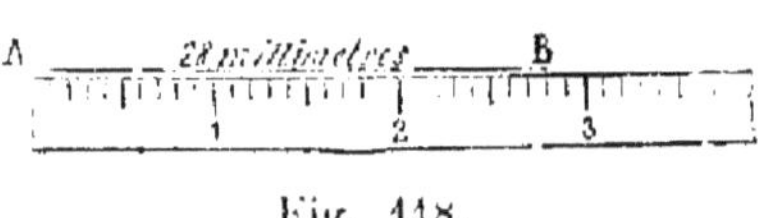

Fig. 118.

pose de manière qu'il affleure la ligne à mesurer. On peut aussi prendre une ouverture de compas égale à la longueur de la ligne à mesurer, et porter cette ouverture sur le double décimètre. Les longueurs usuelles, telles que la longueur d'une table, la largeur d'un appartement, se mesurent avec un mètre pliant ou avec un décamètre ruban. Le marchand de drap se sert d'un mètre en forme de bâton carré. Le mètre pliant du maçon est formé de 5 doubles décimètres.

152. Verticale. Le maçon se sert du fil à plomb pour avoir une

Fig. 119.

Fig. 120.

Fig. 121.

direction verticale dans la construction d'un mur. Il suspend, à cet effet, une pierre, un morceau de plomb, à un cordeau qu'il attache au bord de la construction.

Le fil à plomb sert aussi à vérifier une direction verticale. Pour cela, on tient le fil à plomb d'une main, et l'on examine si la verticale à vérifier se confond avec le fil à plomb.

153. Horizontale. La surface de l'eau dans un vase est une *surface horizontale.* La rencontre de l'eau avec les faces planes du vase détermine des lignes horizontales. Une règle qui flotte sur l'eau est horizontale.

La ligne horizontale est perpendiculaire à la direction verticale.

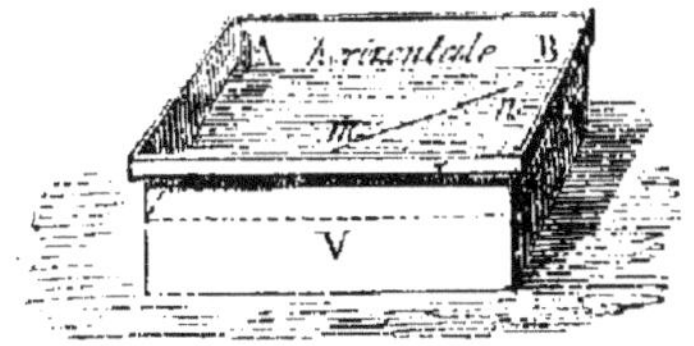

Fig. 122.

Les murs d'un appartement sont des *surfaces verticales;* le plancher et le plafond sont des *surfaces horizontales.* Les rencontres des murs entre eux sont des *lignes verticales;* les rencontres du plancher et du plafond avec les murs sont des *lignes horizontales.*

154. La **circonférence** est la courbe la plus employée : les roues des voitures, les fonds des tonneaux, les pièces de monnaie, etc., ont la forme circulaire. Le dessinateur et l'architecte font un usage continuel de la circonférence et des arcs de cercle.

Compas. Pour tracer une circonférence sur le papier, on se sert d'un compas dont une branche est terminée en pointe, tandis que l'autre est armée d'un crayon ou d'un tire-ligne. On ouvre le compas d'une grandeur égale au rayon de la circonférence à tracer, et l'on pose la branche à pointe sèche au point choisi pour centre; on fait ensuite tourner la seconde branche autour de la première. La branche mobile décrit la circonférence.

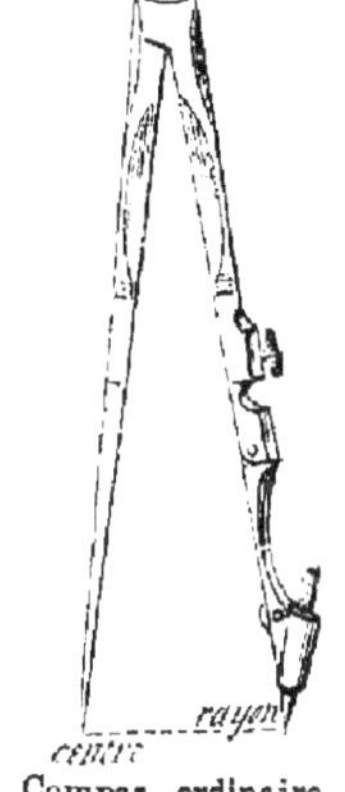

Compas ordinaire.
Fig. 123.

Si le rayon est plus grand que l'ouverture que l'on peut donner au compas, on se sert d'une règle qui porte un petit pivot *o* à l'une de ses extrémités, et qui est munie, à l'autre extrémité, d'une pointe à tracer ou d'un tire-ligne A, que l'on peut faire avancer ou reculer à l'aide d'une coulisse fixée au moyen d'une vis de pression *v*. Cet instrument prend le nom de *compas à verge.*

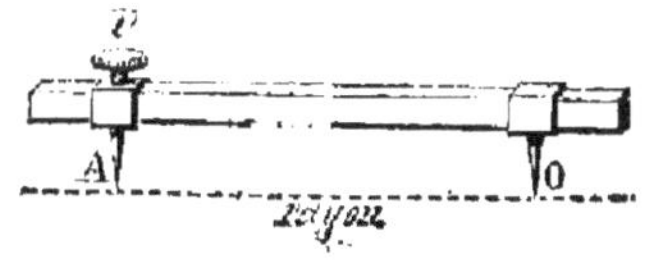

Compas à verge.
Fig. 124.

Sur le terrain, on se sert d'une ficelle fixée au centre par une de ses extrémités; l'autre extrémité est munie d'un piquet qui sert à tracer la circonférence.

Exercices graphiques.

(LIGNE DROITE)

1. Vérifier si une règle est droite; faire l'épreuve sur le papier et sur le tableau noir.

2. Tracez sur le tableau noir, avec une ficelle enduite de craie, une ligne à la manière des charpentiers.

3. Tracer trois lignes au tableau noir, et les mesurer à l'aide du mètre.

4. Tracer une ligne au tableau noir, en donner la longueur à vue d'œil, et vérifier avec le mètre.

5. Tracer à vue d'œil sur le tableau noir une ligne de 40 centimètres, et la vérifier avec le mètre.

6. Vérifier avec le fil à plomb si les côtés du tableau sont placés verticalement.

7. Vérifier avec le niveau à bulle d'air si le dessus de la table est dressé horizontalement.

8. Le tableau noir étant supposé placé verticalement, tracer à vue d'œil sur ce tableau une ligne verticale, et vérifiez-la à l'aide du fil à plomb.

9. Sur ce même tableau, tracez également à vue d'œil une ligne horizontale, et vérifiez-la.

10. Tracer une circonférence au tableau noir, à l'aide d'une ficelle.

11. Tracer une circonférence au tableau noir, à l'aide d'une règle munie de deux pointes vers ses extrémités.

12. Donnez à vue d'œil la longueur de la classe, et vérifiez au moyen du mètre.

13. Même question pour la largeur de la classe, la longueur d'une table, la largeur et la hauteur d'une porte.

14. Marquez sur le sol de la classe une longueur de 5 mètres, et voyez combien vous faites de pas ordinaires pour franchir cette longueur.

15. A l'aide du problème précédent, calculez la longueur de votre pas.

16. Donnez à vue d'œil la longueur de votre pas, la longueur de la classe, et vérifiez avec le mètre.

17. S'exercer à tracer sur le tableau noir des lignes droites et des circonférences.

§ II. — Angles.

155. Le **rapporteur** est un instrument qui sert à mesurer les
angles. C'est un demi-cercle gra-
dué, ordinairement de corne trans-
parente ou de cuivre, et alors
évidé. Le bord circulaire ou *limbe*
est divisé en 180 degrés (quelquefois en demi-degrés). Les divisions sont numérotées de 10 en 10
degrés, et la graduation est double
afin que l'on puisse mesurer les

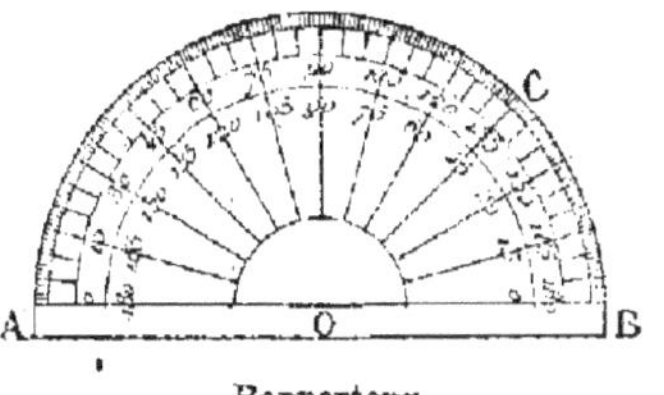

Rapporteur.

Fig. 125.

arcs de droite à gauche ou de gauche à droite. Le diamètre AB
se nomme *ligne de foi.*

156. Problème. *En un point donné* D *d'une droite* DE *construire
un angle égal à un angle donné* A.

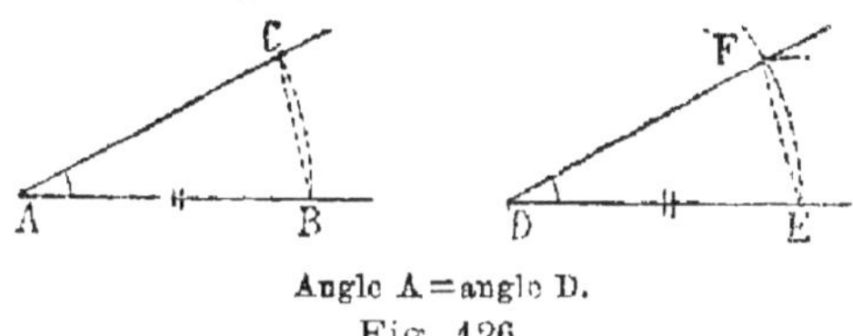

Angle A = angle D.

Fig. 126.

1er *Moyen, avec le compas.* Des points A et D comme centres,
avec un même rayon, on décrit les arcs BC et EF ; du point E
comme centre, avec une ouverture de compas égale à la distance BC, on coupe l'arc EF, et l'on trace la droite DF. L'angle D
est égal à l'angle A.

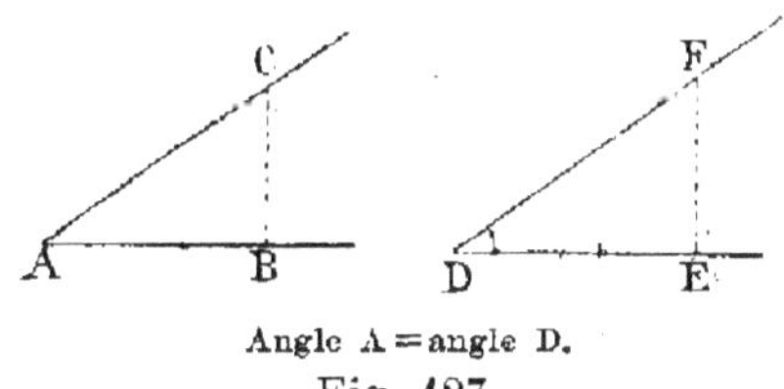

Angle A = angle D.

Fig. 127.

2e *Moyen, avec l'équerre.* A l'aide d'une règle divisée, ou d'une
simple bande de papier, on marque des longueurs égales AB
et DE, et l'on élève à l'équerre les perpendiculaires BC et EF ;
on porte la longueur BC sur EF, et l'on trace DF, ce qui donne
en D un angle égal à l'angle A.

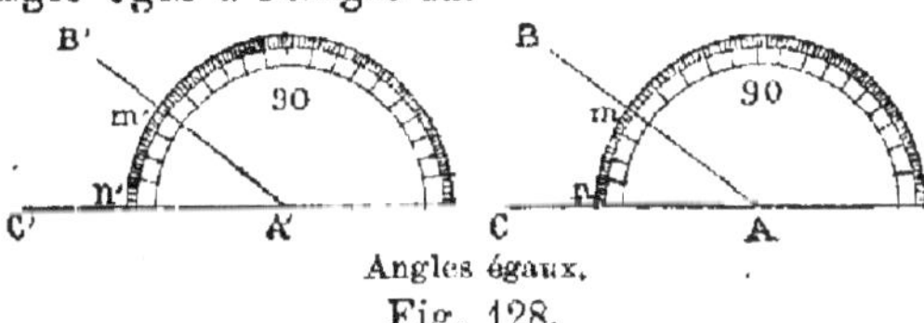

Angles égaux.

Fig. 128.

3e *Moyen, avec le rapporteur.* On place le rapporteur sur

l'angle A pour mesurer cet angle; on le pose ensuite en A'
pour marquer un angle égal, que l'on achève en traçant la
droite A'B'.

157. **Problème.** *Faire un angle égal à la somme de deux angles
donnés.*

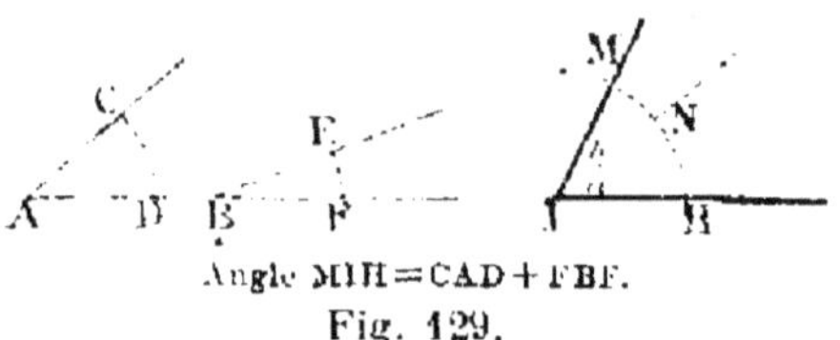

Angle MIH = CAD + FBF.
Fig. 129.

Soit à faire un angle égal à la somme des angles A et B.
On fera l'angle $a = A$, et l'angle $b = B$. L'angle total MIH sera
égal à la somme des angles donnés A et B.

158. **Problème.** *Faire un angle triple d'un angle donné.*

Pour faire un angle triple de l'angle A, on décrit avec un
même rayon les arcs BC et FE. On porte trois fois l'arc BC de

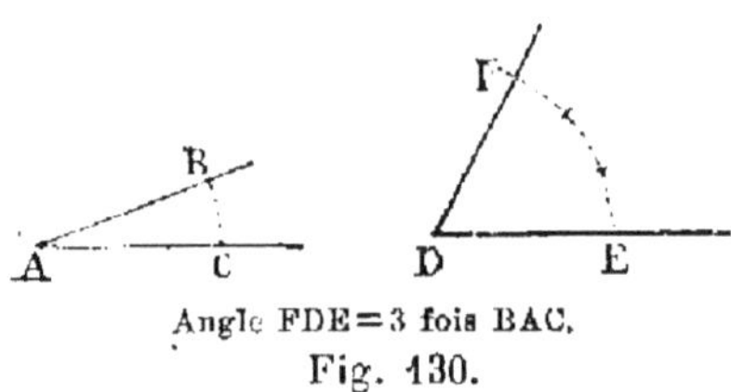

Angle FDE = 3 fois BAC.
Fig. 130.

E en F. L'angle EDF vaut 3 fois l'angle A, puisque l'arc EF est
triple de l'arc BC.

159. **Fausse équerre.** Pour relever et reproduire les angles, les
menuisiers se servent d'un instrument appelé *fausse équerre* ou

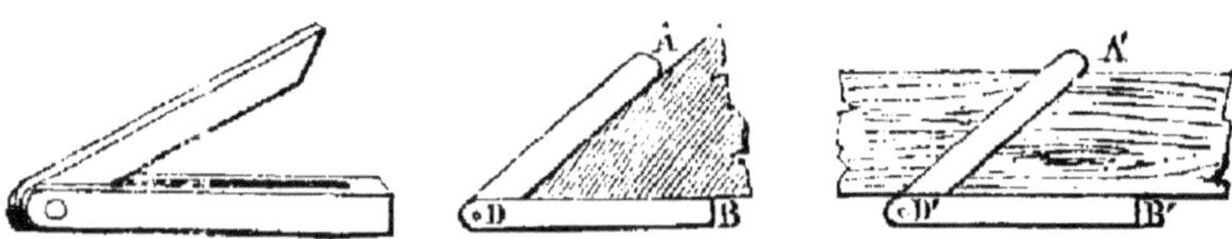

Fausse équerre ou sauterelle.   Emploi de la fausse équerre.

Fig. 131.   Fig. 132.

sauterelle. Ce sont deux règles réunies par une charnière. Ils
appliquent la fausse équerre sur l'angle ADB à reproduire,
de manière que les règles AD et DB coïncident avec les côtés de
l'angle. Ils transportent ensuite l'instrument sur la surface où
ils veulent obtenir l'angle égal A'D'B'.

160. *Trouver le supplément d'un angle.*

Pour trouver le supplément d'un angle, on prolonge l'un de ses côtés au delà du sommet.

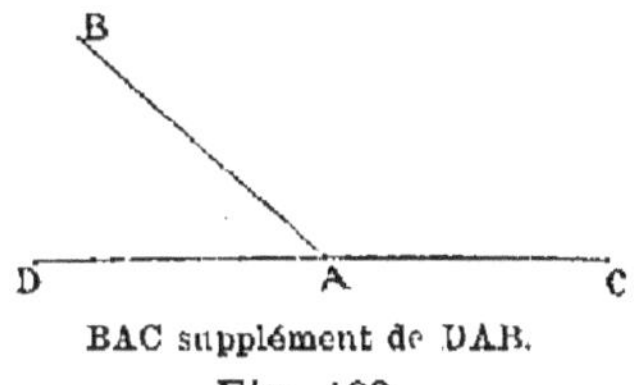

BAC supplément de DAB.
Fig. 133.

L'angle BAC est le supplément de l'angle DAB.

Exercices graphiques.

(ANGLES)

18. Tracez la bissectrice d'un angle aigu.

19. Tracez la bissectrice d'un angle obtus.

20. Tracez un angle aigu, et mesurez-le avec le rapporteur.

21. Tracez un angle obtus, et mesurez-le avec le rapporteur.

(La construction des angles qui suivent se fera avec la règle et le compas.)

22. Faites un angle de 30°; les côtés ayant 30 millim.

23. Faites un angle de 120°; les côtés ayant 25 millim.

24. Faites un angle de 15°; les côtés ayant 30 millim.

25. Faites un angle de 60°; les côtés ayant 32 millim.

26. Construisez un angle obtus, et tracez son supplément.

27. Construisez un angle aigu, et tracez son supplément.

28. Tracez deux angles adjacents, ayant l'un 75° et l'autre 45°.

29. Doublez un angle aigu.

30. Retranchez un angle aigu d'un angle obtus.

Problèmes numériques.

(ANGLES)

31. Un angle a 43°, un autre a 52°; quelle est leur somme?

32. Quelle est la somme de trois angles qui ont 40°, 28° et 47°?

33. Deux angles ont l'un 87°, l'autre 35°; dites leur différence?

34. Quelle est la valeur de l'angle qui vaut 5 fois 34°?

35. Quelle est la valeur de l'angle qui vaut la moitié de la somme des deux angles de 45° et de 32°?

36. Quel est l'angle qui vaut le tiers de la différence de deux angles, l'un de 79° et l'autre de 43°?

37. Trouvez la somme des angles de 53°12' et de 24°53'.

38. Calculez la différence des deux angles de 85°36' et de 54°47'.

39. Quel est l'angle qui vaut 4 fois l'angle de 29°17'?

40. Quel est l'angle qui vaut le quart de l'angle de 37°12'?

41. Quelle est la valeur de l'angle contenu 8 fois dans l'angle droit?

42. Quel est le complément de l'angle de 58°?

43. Quel est le supplément de l'angle de 128°?

44. Quel est le complément de l'angle de 67°25'?

45. Quel est le supplément de l'angle de 148°52'?

46. Ajoutez ensemble le complément de l'angle de 76° et le supplément de l'angle de 162°.

47. Ajoutez ensemble la moitié du complément de l'angle de 46°22' et le tiers du supplément de l'angle de 118°48'.

48. Trois droites qui partent d'un même point forment trois angles; le premier a 145°, et le deuxième 170°35'; quelle est la valeur du troisième?

§ III. — Perpendiculaires.

161. *Équerre.* L'*équerre* est un instrument qui sert à mener des perpendiculaires.

On donne diverses formes à l'équerre.

L'*équerre du dessinateur* est une planchette mince terminée par trois côtés, dont deux sont à angle droit.

 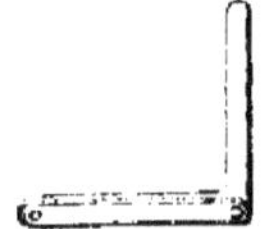 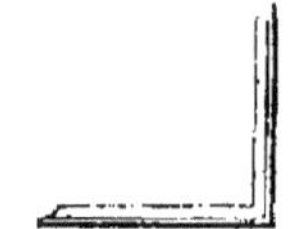

Équerre du dessinateur.   Équerre du menuisier.   Équerre du tailleur de pierres.
Fig. 134.   Fig. 135.   Fig. 136.

L'*équerre du menuisier* est formée de deux règles en bois fixées à angle droit.

L'*équerre du tailleur de pierre* est formée de deux règles en fer fixées à angle droit.

Une feuille de papier pliée en quatre peut remplacer l'équerre pour obtenir des perpendiculaires.

162. **Vérification de l'équerre.** *Vérifier une équerre, c'est s'assurer qu'elle forme un angle droit.*

 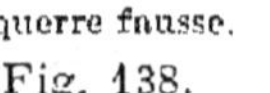 

Équerre juste.   Équerre fausse.   Équerre fausse.
Fig. 137.   Fig. 138.   Fig. 139.

Pour cela, on applique un côté *ab* de l'angle droit de l'équerre contre une règle, et l'on trace une ligne sur le bord de l'autre côté *bd*. On retourne ensuite l'équerre de manière que le côté *ab* vienne en *b'a'*. Ce côté étant toujours appuyé contre la règle, on trace une nouvelle ligne sur le bord *b'd'*. Si les deux lignes coïncident, l'équerre est juste.

163. L'emploi de l'équerre est fréquent dans l'industrie et dans les arts. Le tailleur de pierre a besoin de l'équerre pour dresser à angle droit les arêtes des pierres. A chaque instant le menuisier et le charpentier coupent des planches à angle droit. La confection d'une croisée, d'une porte, d'un meuble, exige un continuel emploi de l'équerre. Le dessinateur, l'architecte, l'arpenteur font un usage constant des perpendiculaires.

§ IV. — Tracé des perpendiculaires à l'aide de l'équerre.

164. Problème. *D'un point O pris sur une droite, élever une perpendiculaire à cette droite.*

On place une règle le long de la droite AB, et l'on applique l'équerre le long de cette règle de manière que le sommet de l'angle droit soit au point O; on trace ensuite la droite OM sur le bord du côté de l'angle droit de l'équerre qui n'est pas appliqué contre la règle. Cette droite OM est perpendiculaire à BA si l'équerre est juste.

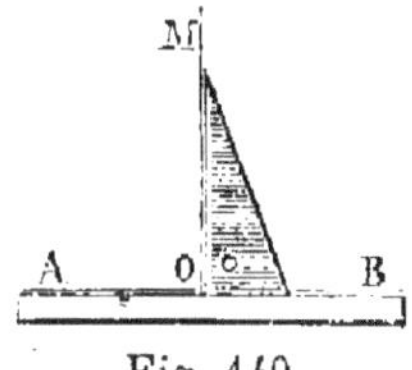

Fig. 140.

165. Remarque I. Avec une équerre fausse, on peut obtenir une perpendiculaire en opérant de la manière suivante : On agit comme si l'on voulait vérifier l'équerre, et l'on joint le point B au point M, milieu des deux positions de l'équerre.

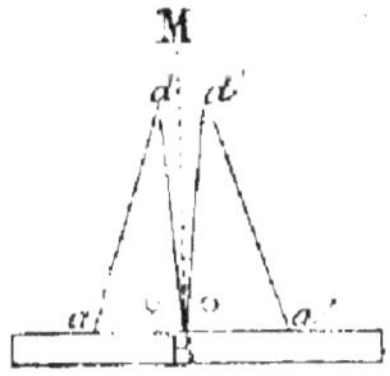

Remarque II. Quand une perpendiculaire part d'un point situé sur une droite, on dit que cette perpendiculaire est élevée sur la droite, soit qu'elle se dirige au-dessus ou au-dessous de cette droite.

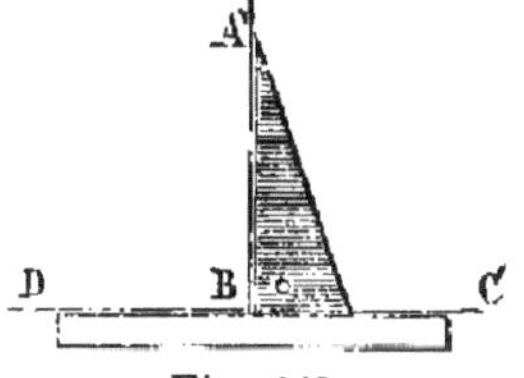

Fig. 141.

166. Problème. *D'un point A pris hors d'une droite, mener une perpendiculaire à cette droite à l'aide de l'équerre.*

On applique la règle le long de la droite donnée DC, et l'on fait glisser l'équerre sur la règle jusqu'auprès du point donné A; on trace ensuite AB sur le bord de l'équerre; c'est la perpendiculaire demandée.

Fig. 142.

§ V. — Tracé des perpendiculaires à l'aide de la règle et du compas.

167. Problème préparatoire. *Trouver un point équidistant des extrémités d'une droite donnée.*

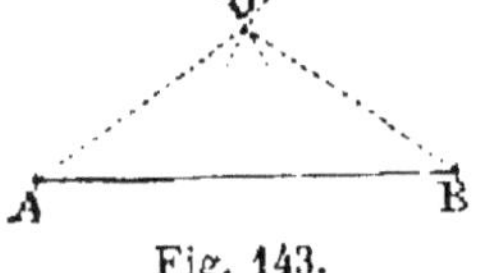

Fig. 143.

Soit à déterminer un point équidistant des extrémités A et B de la droite AB.

Des points A et B comme centres, et avec une même ouverture de compas plus grande que la moitié de la droite AB, on décrit deux arcs qui se coupent, et donnent le point O équidistant de A et de B.

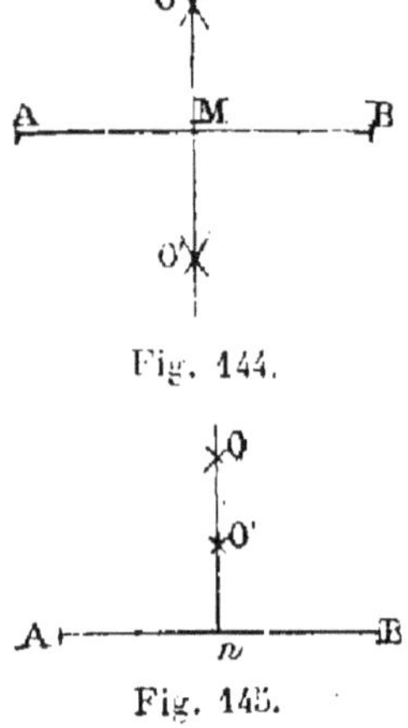

Fig. 144.

168. Problème. *Élever une perpendiculaire au milieu d'une droite.*

Soit à élever une perpendiculaire au milieu de AB. Des extrémités A et B de la droite donnée, et avec une même ouverture de compas plus grande que la moitié de AB, on décrit des arcs qui se coupent en O et en O'; puis on joint ces deux points. La droite OO' est perpendiculaire au milieu de AB.

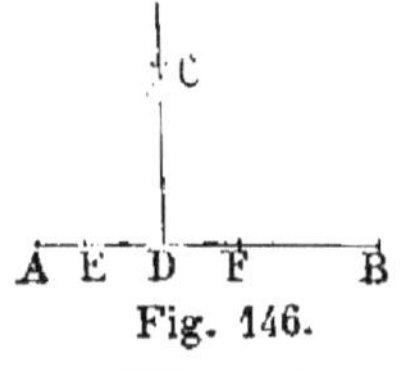

Fig. 145.

169. Remarque. Si l'on ne pouvait opérer que d'un seul côté de la droite, on chercherait avec deux rayons différents deux points O et O' équidistants des extrémités de la ligne AD.

170. Problème. *Élever une perpendiculaire en un point d'une droite.*

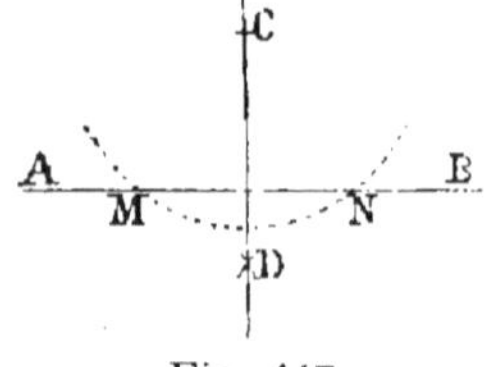

Fig. 146.

Soit à élever une perpendiculaire du point D donné sur la droite AB. On porte de chaque côté du point D des longueurs égales DE, DF. Des points E et F comme centres, avec un même rayon, on décrit des arcs qui se coupent en C. On mène CD, qui est la perpendiculaire demandée.

171. *D'un point pris hors d'une droite, abaisser une perpendiculaire sur cette droite.*

Fig. 147.

Soit à abaisser du point C une perpendiculaire sur la droite AB. Du point C comme centre, on décrit un arc qui coupe la droite en deux points M et N. De ces points M et N comme centre, avec un même rayon, on décrit des arcs qui se coupent au point D. On mène CD, qui est perpendiculaire sur AB; car les points C et D étant équidistants de M et de N, la ligne CD est perpendiculaire au milieu de MN.

172. Voici deux autres moyens d'élever une perpendiculaire sur une droite :

1° Du point A comme centre, on décrit un arc avec un rayon quelconque. On porte la même ouverture de compas de B en C, puis de C en D et en E, et enfin de D en E. On mène la ligne AE, qui est la perpendiculaire demandée.

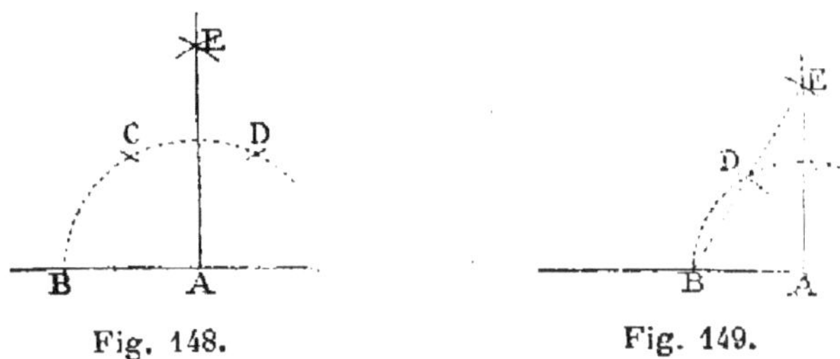

Fig. 148.   Fig. 149.

2° Pour élever une perpendiculaire à l'extrémité A d'une droite, on décrit de ce point comme centre un arc quelconque BD, et l'on porte la même ouverture de compas de B en D et de D en E. On mène la droite BDE, qui détermine le point E, que l'on joint au point A pour avoir la perpendiculaire demandée.

173. *Trouver le complément d'un angle.*

Pour trouver le complément d'un angle, on élève du sommet de l'angle une perpendiculaire à l'un de ses côtés.

L'angle DAB est le complément de l'angle BAC.

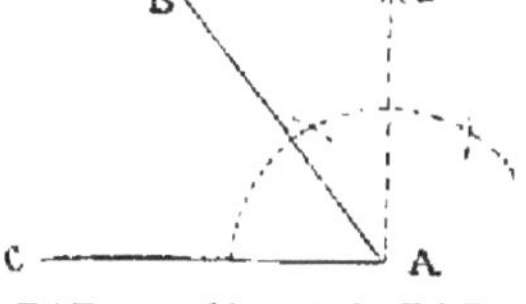

BAD complément de BAC.
Fig. 150.

174. 1ᵉʳ Moyen. Pour s'assurer qu'une ligne CD est perpendiculaire sur AB, on prend deux distances égales OF = OE à partir du pied de la perpendiculaire. On décrit ensuite des points F et E comme centres, avec un même rayon, deux arcs qui devront se couper sur CD si cette droite est perpendiculaire sur AB.

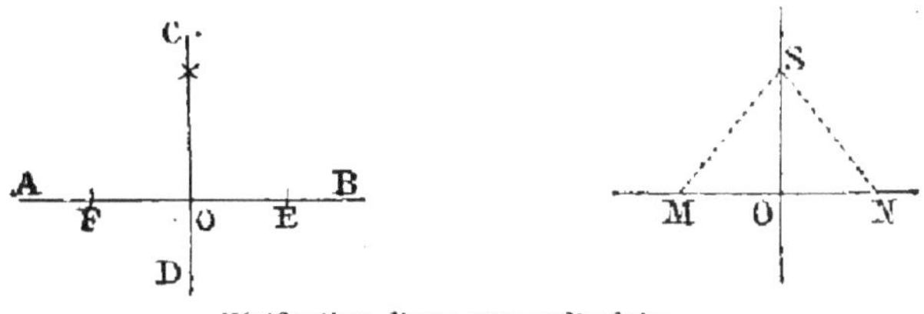

Vérification d'une perpendiculaire.
Fig. 151.   Fig. 152.

175. 2° Moyen. On marque deux longueurs égales OM et ON, et l'on mesure les distances des points M et N à un point quelconque S de la perpendiculaire. On doit avoir MS = NS si la droite SO est perpendiculaire sur MN.

Dans les arts industriels, on vérifie si une ligne, une surface sont horizontales au moyen du niveau. (Voir l'*Arpentage*.)

Exercices graphiques.

(PERPENDICULAIRES)

49. Vérifiez votre équerre et votre règle.

50. Sur le milieu d'une ligne AB de 35 millimètres, élevez une perpendiculaire.

51. Tracez une droite AB de 35 millimètres, marquez un point D en dehors, et trouvez sur la droite deux points également éloignés du point D.

52. Tracez une droite AB de 35 millimètres, et cherchez deux points M et N éloignés de 20 millimètres de l'extrémité B, et élevez en ce point une perpendiculaire à la droite AB.

53. Tracez une droite AB de 35 millimètres, et cherchez des points M et N éloignés de 20 millimètres de l'extrémité B et de 30 millimètres de l'extrémité A.

54. Menez une droite de 35 millimètres, et élevez une perpendiculaire à l'extrémité de cette droite.

55. Menez une droite de 35 millim., marquez un point au-dessus, et mesurez le plus court chemin de ce point à la droite.

56. Construisez un angle aigu, et tracez son complément.

57. Faites un angle obtus, et cherchez l'angle aigu dont il faut le diminuer pour le ramener à un angle droit.

58. Faites un angle de 45°; les côtés ayant 30 millimèt.

59. Faites un angle de 22°1/2; les côtés ayant 30 millimèt.

60. Faites un angle de 105°; les côtés ayant 30 millimèt.

§ VI. — Division des lignes, des angles et de la circonférence en parties égales.

176. *Diviser une droite* AB *en deux parties égales.*

Pour diviser la ligne droite AB en deux parties égales, on élève une perpendiculaire sur le milieu de cette droite.

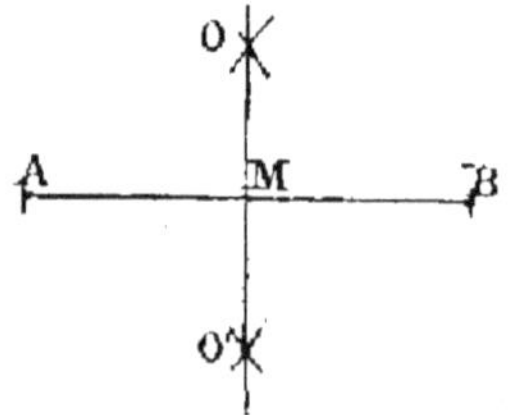

Droite divisée en deux parties égales.

Fig. 153.

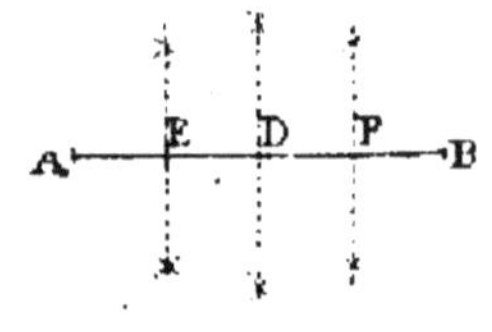

Droite divisée en quatre parties égales.

Fig. 154.

177. *Diviser une droite* AB *en quatre parties égales.*

Divisez-la d'abord en deux parties égales, puis opérez sur chaque moitié comme sur la ligne entière.

178. *Divisez une ligne droite* AB *en un nombre quelconque de parties égales.*

1° *A l'aide du double décimètre.*

Mesurez la droite. Prenez le $\frac{1}{5}$ de cette mesure, et portez ce $\frac{1}{5}$ successivement cinq fois sur la droite à partir d'une de ses extrémités.

EXEMPLE : Soit AB à diviser en cinq parties égales. Cette ligne, mesurée au double décimètre, a 0,025 ; dont le $\frac{1}{5}$ est $\frac{25}{5} = 5$ millim.

Je place le double décimètre le long de AB ; sur cette ligne, je marque des points en face des distances 5, 10, 15, 20, 25 millim.

Droite divisée en cinq parties.
Fig. 155.

Division par tâtonnement.
Fig. 156.

2° *Avec le compas, par tâtonnement.*

Soit la droite AB à diviser en cinq parties égales (fig. 156). Prenez une ouverture de compas AC qui soit, à vue d'œil, le cinquième de AB, et portez-la cinq fois de suite de A vers B. S'il arrive que l'extrémité de la cinquième division tombe en B, la division de la ligne est effectuée ; mais, en général, elle tombe en un certain point situé en deçà ou au delà du point B. Soit D ce point. Sans déranger la pointe de compas qui se trouve en E, rapprochez du point B l'autre pointe de compas d'une longueur qui soit à vue d'œil le $\frac{1}{5}$ de DB, et portez cinq fois de suite la longueur obtenue de A en B.

179. *Diviser un angle* A *en deux parties égales, ou, en d'autres termes, mener la bissectrice de cet angle.*

Du sommet A, décrivez un arc CD, et des points C et D, décrivez deux autres arcs qui se coupent en M (fig. 156).

Menez ensuite AM, qui est la bissectrice de l'angle A.

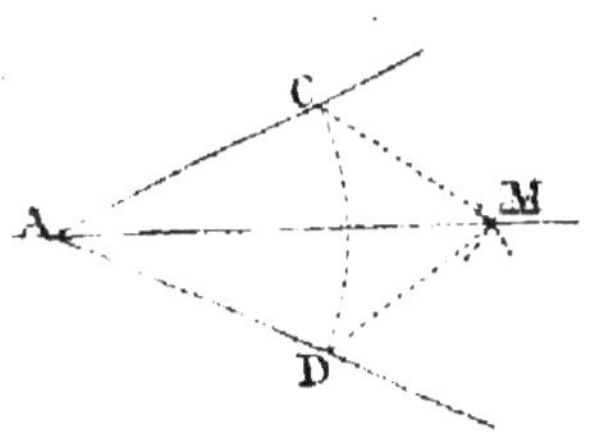

Angle divisé en deux parties égales.
Fig. 157.

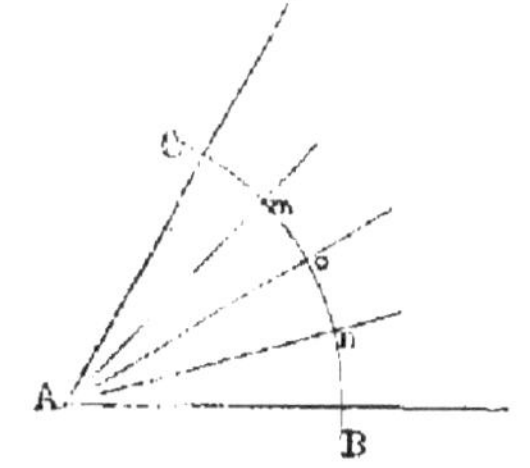

Angle divisé en quatre parties égales.
Fig. 158.

180. *Diviser l'angle* A *en quatre parties égales.*

Divisez d'abord l'angle en deux parties égales, puis opérez sur chaque moitié comme sur l'angle total.

Problème. *Diviser un angle droit en trois parties égales.*

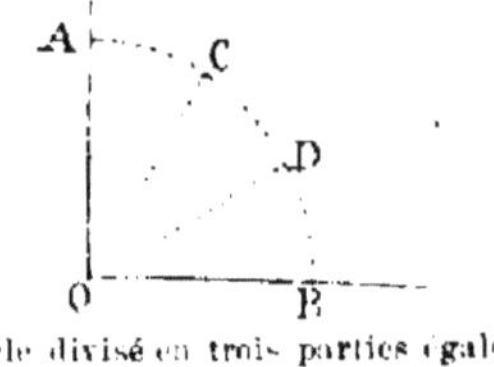

Angle divisé en trois parties égales.
Fig. 159.

Avec la même ouverture de compas qui a servi à décrire l'arc AB et des points A et B comme centres, on détermine les points C et D, qui donnent la division demandée. L'arc BC vaut 60°, donc AC vaut 30°; de même BD vaut 30°.

181. *Diviser une circonférence en deux, quatre, huit…, parties égales.*

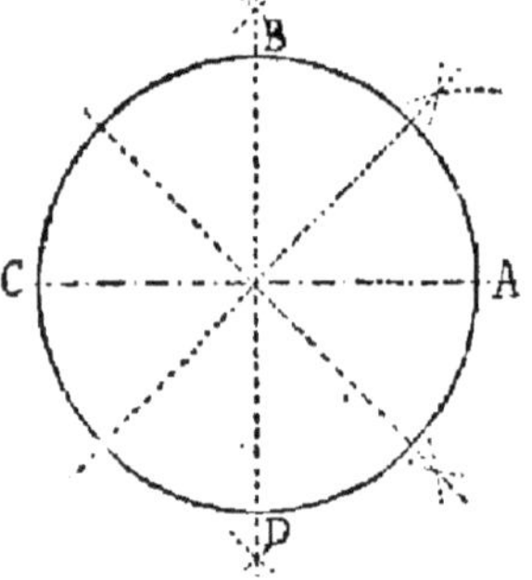

Circonf. divisée en huit parties égales.
Fig. 160.

Pour diviser la circonférence en deux parties égales, menez un diamètre quelconque.

Pour diviser la circonférence en quatre parties égales, menez deux diamètres perpendiculaires l'un à l'autre.

Pour diviser la circonférence en huit parties égales, menez la bissectrice des angles formés par deux diamètres perpendiculaires.

182. *Diviser une circonférence en six, trois, douze… parties égales.*

Opérez d'abord la division en six parties égales en portant six fois sur la circonférence une ouverture de compas égale au rayon.

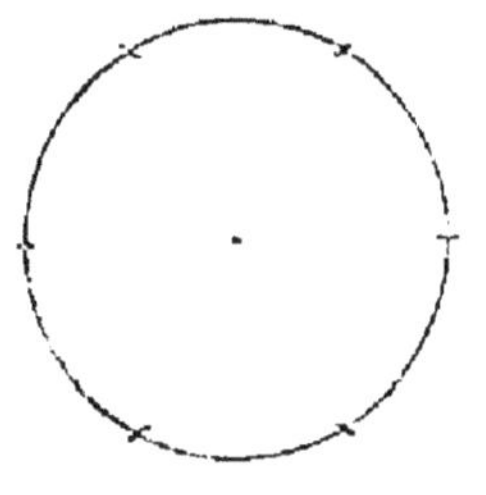

Division en six parties égales.
Fig. 161.

En prenant ensemble deux de ces divisions, on a le $\frac{1}{3}$ de la circonférence.

En partageant les $\frac{1}{6}$ en deux, quatre… parties égales, la circonférence est divisée en douze, vingt-quatre… parties égales.

183. *Diviser une circonférence en un nombre quelconque de parties égales.*

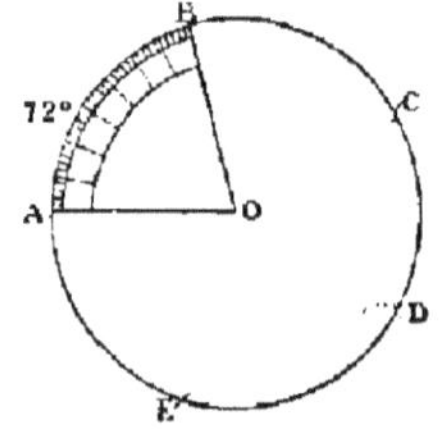

Fig. 162.

1° *A l'aide du rapporteur.*

Soit à diviser une circonférence en cinq parties égales.

Prenez le $\frac{1}{5}$ de 360°, qui est de 72°, et faites un angle de 72° ayant son sommet au centre de la circonférence. L'arc intercepté par les côtés sera l'arc

cherché de 72°, le $\frac{1}{5}$ de la circonférence.

2° *A l'aide du compas, par tâtonnement.*

On procède comme il a été dit pour la division de la ligne droite. On prend une ouverture de compas que l'on suppose être approximativement le $\frac{1}{5}$ de la circonférence. Si la division ne s'effectue pas exactement, on ajoute ou l'on retranche le $\frac{1}{5}$ de la différence, apprécié à vue d'œil.

Exercices graphiques.

(DIVISION DE LA LIGNE DROITE ET DE LA CIRCONFÉRENCE)

61. Tracez une ligne droite de 35 millimètres, et divisez-la en quatre parties égales.

62. Tracez une ligne de 35 millimètres, et divisez-la en huit parties égales.

63. Divisez en douze parties égales, au moyen des facteurs simples et en tâtonnant, une droite de 35 millimètres.

64. Même ligne à diviser en dix-huit parties égales.

65. Tracez une droite de 32 millimètres, et divisez-la en quatre parties égales au moyen du double décimètre.

66. Même problème en divisant en cinq parties égales une droite de 35 millimètres.

67. Tracez une circonférence de 35 millimètres de diamètre, et divisez-la en quatre parties égales.

68. Divisez une même circonférence en huit parties égales.

69. Vérifier qu'en portant successivement six fois sur une circonférence une ouverture de compas égale au rayon, on revient au point de départ.

70. Divisez une circonférence de 35 millimètres de diamètre en six parties égales.

71. Décrivez une circonférence de 35 millimètres de diamètre, et divisez-la en trois parties égales.

72. Même circonférence à diviser en douze parties égales.

73. Tracez une circonférence de 35 millimètres de diamètre ; menez deux rayons perpendiculaires, et divisez chaque quart de la circonférence en trois parties égales.

74. Divisez un arc de 20 millimètres de rayon en quatre parties égales.

75. Même exemple en divisant l'arc en huit parties égales.

76. Divisez un arc de 25 millimètres de rayon au moyen des facteurs premiers et en tâtonnant en quatre parties égales, en six parties égales, en huit parties égales, en douze parties égales, etc.

Problèmes numériques.

(CIRCONFÉRENCE, ARCS)

77. Quelle est en degrés la valeur d'un arc égal au tiers de la circonférence?

78. On divise une circonférence en six parties égales; quelle est en degrés la valeur de chacun des arcs obtenus?

79. Une circonférence est divisée en trois arcs inégaux : le premier embrasse 85°10′, le deuxième 115°25′; quelle est la valeur du troisième?

80. Quelle est en degrés et minutes la valeur de l'arc égal au septième d'une circonférence?

81. Le diamètre de l'équateur égale 12754 kilomètres; quelle est la longueur de l'arc d'une seconde?

§ VII. — Parallèles.

184. On emploie fréquemment des droites parallèles : les portes, les fenêtres, ont leurs bords parallèles; les côtés opposés d'une feuille de papier, d'une planche, sont aussi parallèles; les rails d'une voie de chemin de fer, les portées de musique, les échelons d'une échelle, les raies d'un cahier d'écolier, etc. etc., sont parallèles.

CONSTRUCTION DES PARALLÈLES

185. Problème I. *A l'aide du compas, mener par un point une parallèle à une droite donnée.*

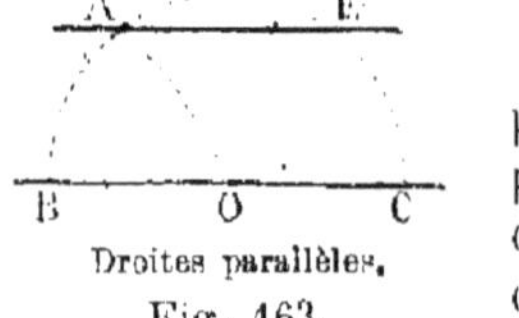

Droites parallèles.

Fig. 163.

1er **Moyen.** Soit à mener du point A une parallèle à BC. D'un point quelconque O, pris sur la droite donnée BC, et avec la distance AO pour rayon, on décrit une demi-circonférence. On prend ensuite, avec le compas, la distance AB, on la porte de C en E, et l'on mène la droite AE, qui est la parallèle demandée.

186. 2° Moyen. Soit à mener du point M une parallèle à la droite EF. D'un point quelconque F pris sur la droite donnée et avec la distance FM pour rayon, on décrit l'arc ME. Avec le même rayon et du point M comme centre, on décrit l'arc FN, sur lequel on porte FN égal à EN.

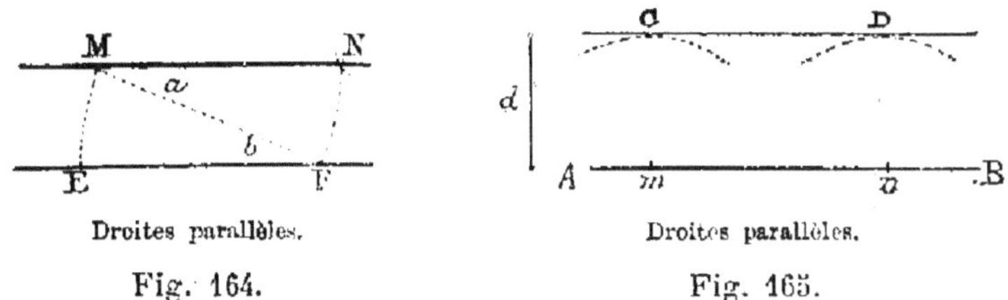

Droites parallèles.

Fig. 164.

Droites parallèles.

Fig. 165.

187. 3° Moyen. On prend une ouverture de compas égale à la distance entre les deux parallèles, et de deux points *m* et *n*, pris à volonté sur AB, on décrit les arcs C et D. On place ensuite la règle tangentiellement à ces arcs, et l'on mène CD, qui est la parallèle demandée.

188. Parallèles à l'aide de l'équerre. Pour mener des parallèles à AB à l'aide de l'équerre, on place la règle et l'équerre l'une contre l'autre, de manière que l'un des côtés de l'équerre coïncide avec AB; puis on fait glisser l'équerre le long de la règle, et on trace successivement les lignes *m*, *n*, *s*, *t*.

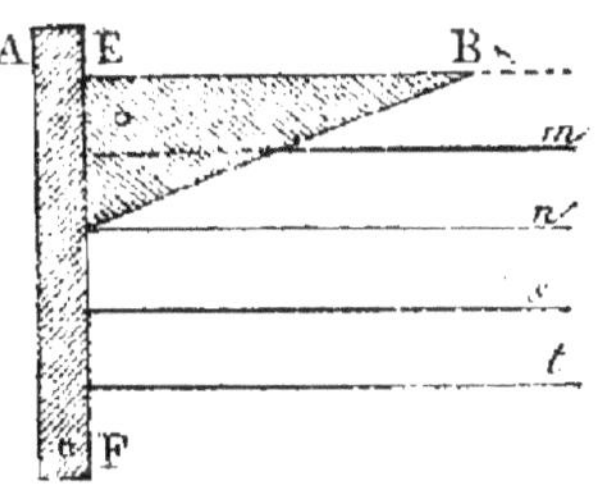

Parallèles à l'aide de l'équerre.

Fig. 166.

189. Usage du *té* pour mener des parallèles. Le *té* est un instrument composé de deux règles assemblées à angle droit en forme de T; il sert à mener des parallèles.

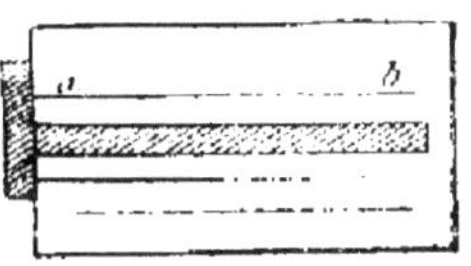

Parallèles à l'aide du té.

Fig. 167.

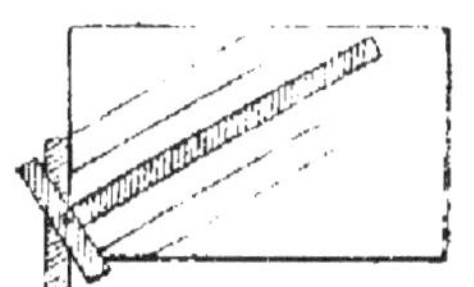

Parallèles à l'aide du té.

Fig. 168.

Lorsque les bords du panneau sont bien à angle droit, les parallèles menées suivant deux bords adjacents sont perpendiculaires entre elles.

Pour mener des parallèles, on applique la tête du *té* contre le bord du panneau, on fait glisser l'instrument, et l'on trace des lignes sur le bord de la longue règle du *té* aux diverses positions où l'on veut obtenir des parallèles.

Souvent le *té* porte une lame mobile autour d'un axe A Cette lame peut être assujettie à l'aide d'un écrou, et sert à dresser le *té* pour tracer des parallèles dans différentes positions.

190. Emploi du trusquin. Le *trusquin* est un instrument dont se servent les menuisiers pour mener des lignes parallèles au bord d'une planche.

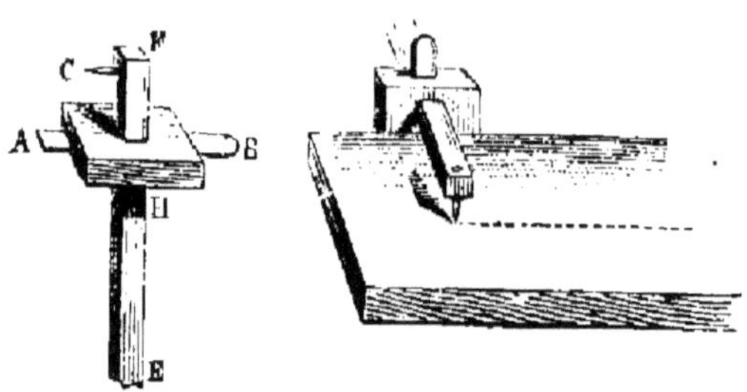

Trusquin et son emploi.

Fig. 169.

Cet instrument se compose d'une règle carrée EF, portant une pointe à tracer. Une planchette carrée H peut glisser le long de la règle carrée. Un taquet AB permet de régler le frottement plus ou moins dur de cette planchette et de la fixer sur la règle. La distance de la pointe à tracer à la planchette peut donc être déterminée à volonté. Une fois l'instrument réglé, si l'on fait glisser cette planchette le long du bord d'une planche, la pointe C tracera une ligne parallèle au bord de la planche.

Exercices graphiques.

(TANGENTES)

82. Tracez une droite de 35 millimètres, et menez une parallèle à 20 millimètres de distance.

83. Tracez trois droites parallèles de 35 millimètres de longueur et distantes entre elles de 15 millimètres.

84. Tracez une droite de 35 millimètres, et menez au-dessus et au-dessous deux parallèles éloignées de 15 millimètres.

§ VIII. — Tangentes.

La construction des tangentes est basée sur les deux principes suivants :

191. Principe IX. *Lorsqu'une droite est tangente à une circon-*

férence, elle est perpendiculaire au rayon qui aboutit au point de contact.

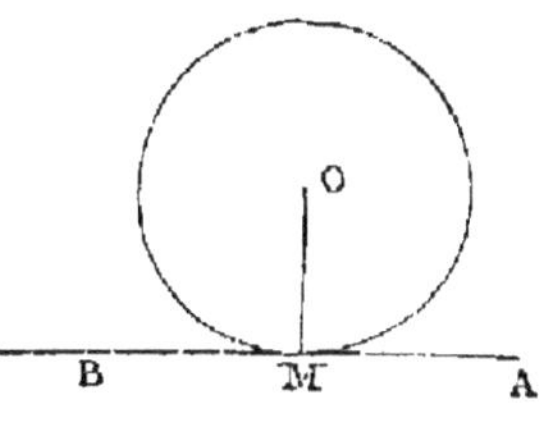

La tangente AB perpendiculaire
au rayon OM.

Fig. 170.

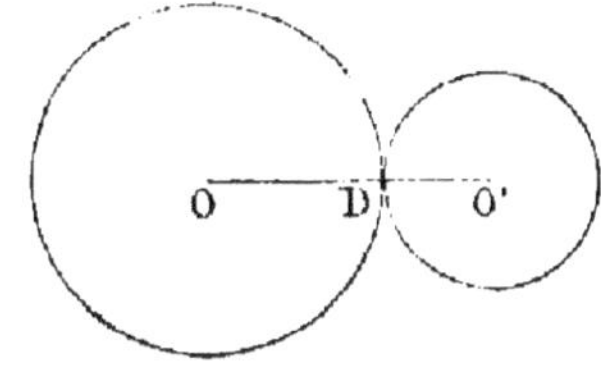

La ligne des centres OO′ passe au point
de contact D.

Fig. 171.

192. Principe X. *Lorsque deux circonférences sont tangentes, la ligne des centres passe au point de contact.*

193. *Mener une droite tangente à une circonférence en un point M pris sur cette circonférence* (fig. 172).

Menez le rayon OM, et élevez la perpendiculaire MB à l'extrémité de ce rayon. Cette perpendiculaire AB est la tangente demandée.

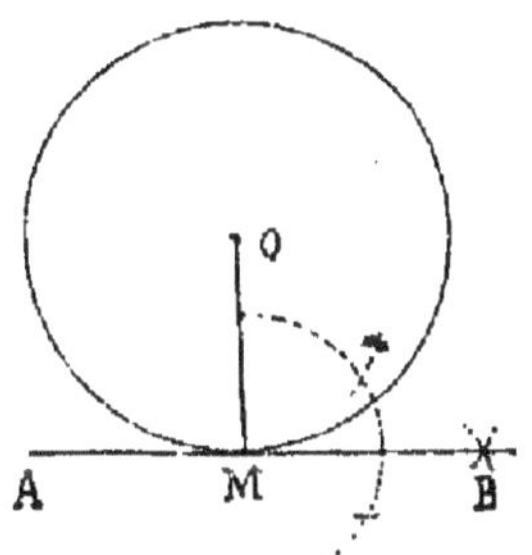

Fig. 172.

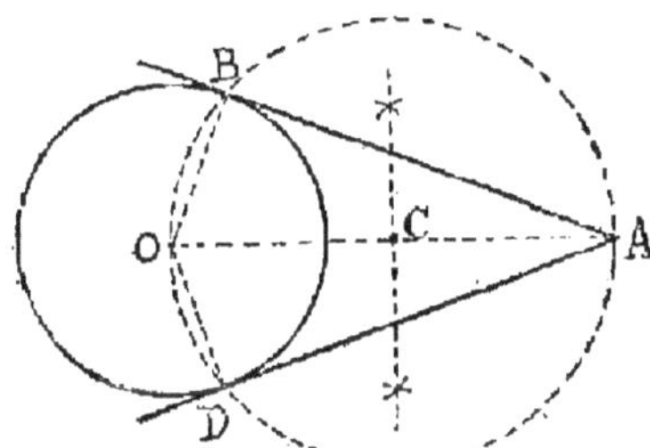

Deux droites tangentes à la circonférence.

Fig. 173.

194. *D'un point A pris hors d'une circonférence, mener deux tangentes à cette circonférence* (fig. 173).

Joignez le point A au centre O de la circonférence ; décrivez une autre circonférence en prenant AO pour diamètre, et joignez le point A aux points B et D, où la circonférence auxiliaire coupe la circonférence donnée.

195. *Mener une circonférence tangente à une autre circonférence en un point donné D* (fig. 174).

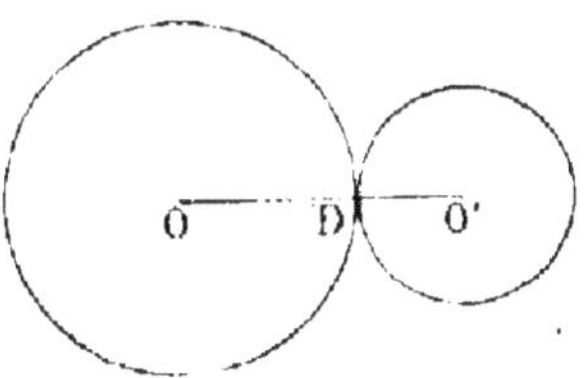

Fig. 174.

Prolongez le rayon OD passant par le point donné, et avec un rayon quelconque DO décrivez une circonférence.

RACCORDEMENT DES LIGNES

196. Le *raccordement des lignes* a pour but d'unir des lignes droites avec des lignes courbes, ou des lignes courbes entre elles, de manière qu'elles n'offrent aucune brisure aux points de jonction.

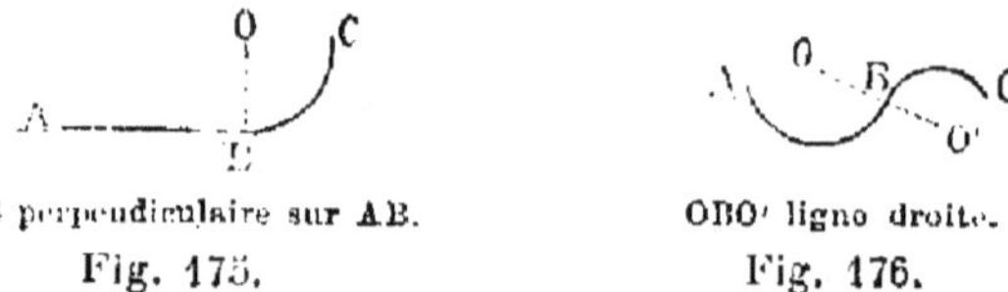

OB perpendiculaire sur AB.

Fig. 175.

OBO′ ligne droite.

Fig. 176.

Pour que deux lignes se raccordent, il faut qu'elles soient tangentes entre elles au point de raccord.

Le raccordement des lignes est basé sur les deux principes suivants :

197. Principe XI. *Un arc et une ligne droite se raccordent lorsque le centre de l'arc est sur la perpendiculaire menée à la droite au point de contact.*

198. Principe XII. *Deux arcs de cercle se raccordent lorsque les deux centres et le point de raccordement sont sur une même ligne droite.*

199. *Raccorder un arc de cercle à l'extrémité* B *d'une droite* AB. (fig. 175).

A l'extrémité B de la droite donnée, élevez une perpendiculaire BO, et avec un rayon quelconque OB décrivez l'arc de raccordement.

200. *A une droite donnée* CD, *raccordez un arc devant passer par un point donné* A.

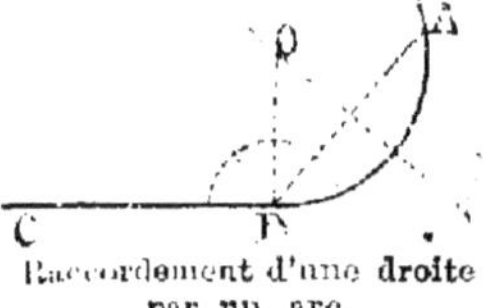

Raccordement d'une droite par un arc.

Fig. 177.

Joignez par une droite l'extrémité D de la droite donnée au point A. Élevez une première perpendiculaire au milieu de AD, puis une seconde à l'extrémité D. Du point de rencontre O de ces deux perpendiculaires, et avec OD pour rayon, décrivez l'arc de raccordement DMA.

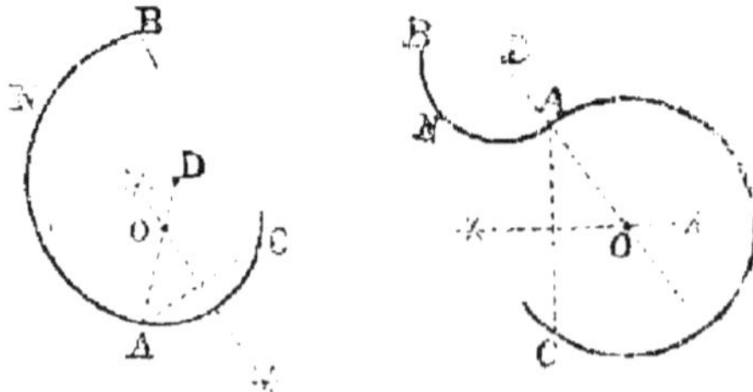

Raccordement de deux arcs.

Fig. 178.   Fig. 179.

201. *A l'extrémité* A *d'un arc donné* BNA, *raccorder un autre arc passant par un point donné* C.

Menez le rayon DA, et prolongez-le. Joignez le point A au point C, et élevez une perpendiculaire sur le milieu de AC. Du point d'intersection O, avec OA pour rayon, décrivez l'arc de raccordement AC.

202. *Raccorder deux droites parallèles.*

Du point de raccordement **A**, menez la perpendiculaire AB,

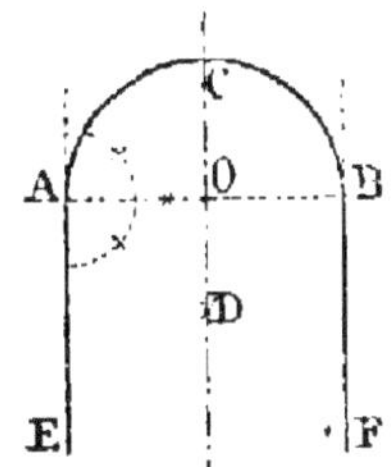

Raccordement de deux droites parallèles.
Fig. 180.

et sur cette ligne, prise comme diamètre, décrivez la demi-circonférence AMB.

§ IX. — Figures curvilignes.

L'*ove* et l'*ovale* sont des applications du raccordement des lignes.

203. L'*ove* est une figure curviligne limitée par quatre arcs de cercle. Il se rapproche de la forme de l'œuf.

204. *Construire une ove sur une droite donnée* AB.

Sur le milieu de AB, élevez une perpendiculaire EI. Du point E comme centre décrivez une circonférence, et menez les droites AOG et BOF.

Des points A et B comme centres, avec AB pour rayon, décrivez les arcs AF et BG.

Enfin du point O décrivez l'arc FIG.

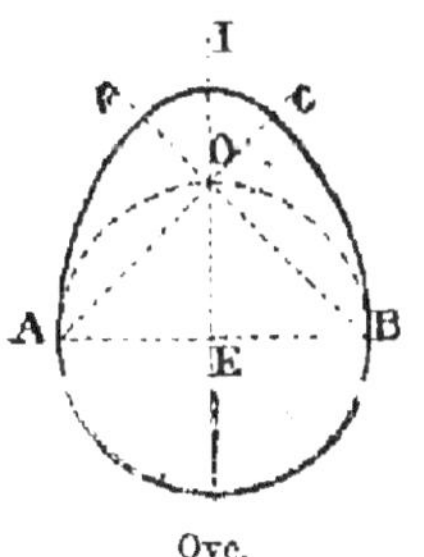

Ove.
Fig. 181.

L'*ovale* ou *fausse ellipse* est une figure curviligne limitée par quatre arcs de cercle.

205. *Construire un ovale sur une droite donnée* AB.

Divisez AB en trois parties égales, et des points C et D comme centres, et avec DC pour rayon, décrivez deux circonférences. Menez ensuite les droites GI, HI, EP, FP, et des points P et I, avec PE pour rayon, tracez les arcs de cercle EF et GH.

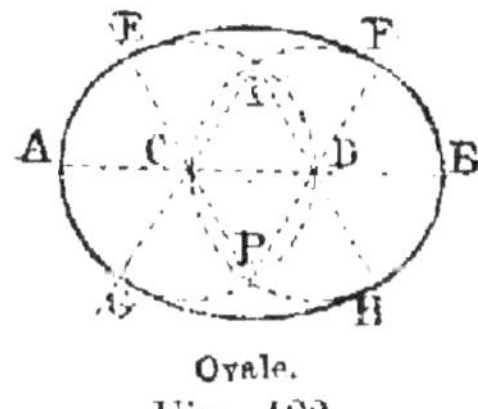

Ovale.
Fig. 182.

206. Les jardiniers tracent l'ellipse à l'aide d'un cordeau.

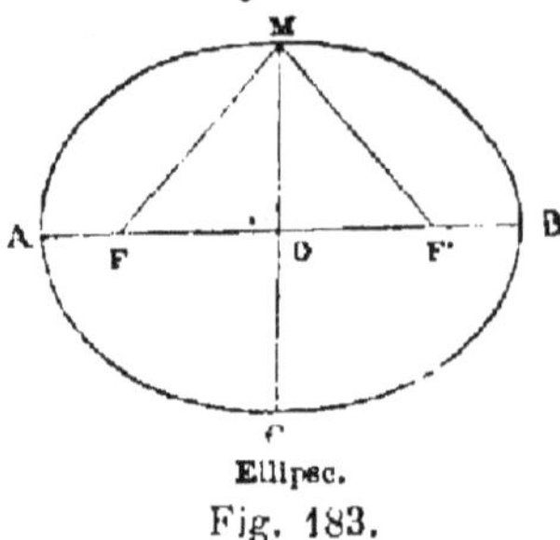

Ellipse.

Fig. 183.

Soit à construire une ellipse ayant AB pour grand axe et MC pour petit axe.

De l'extrémité D du petit axe, et avec une longueur égale à la moitié AO du grand axe, marquez sur le grand axe les points E, F. Prenez ensuite un cordeau dont la longueur égale le grand axe, fixez-en les bouts aux deux points E, F.

Placez ensuite une pointe à tracer dans le pli D du cordeau, et décrivez l'ellipse par un mouvement continu.

Ellipse du jardinier.

Fig. 184.

Exercices graphiques.

85. Décrivez une circonférence de 13 millimètres de rayon, et d'un point de cette circonférence menez une tangente à cette circonférence.

86. Décrire une circonférence de 12 millimètres de rayon, et d'un point situé à 22 millimètres du centre mener deux tangentes à la circonférence.

87. Mener deux parallèles de 25 millimètres de longueur et distantes de 20 millimètres, et les raccorder par une demi-circonférence.

88. Prenez deux points éloignés de 35 millimètres. De ces points comme centres, tracez deux circonférences : l'une de 15 millimètres de rayon, et l'autre de 10 millimètres. Tracez ensuite la ligne de la plus courte distance entre ces deux circonférences.

89. Tracez une circonférence de 25 millimètres de rayon, prenez un point quelconque hors de la circonférence, et menez la droite qui mesure la plus courte distance de ce point à cette circonférence.

90. Décrivez une circonférence de 20 millimètres de rayon, divisez-la en trois parties égales, et décrivez trois circonférences tangentes intérieurement aux points de division et passant par le centre.

91. Même problème en divisant la circonférence en six parties égales.

(RACCORDEMENT DES LIGNES)

92. Avec un rayon de 18 millimètres, décrire un arc de 60°, et le raccorder par deux droites de 20 millimètres de longueur.

93. Tirer une ligne droite de 35 millimètres, et la raccorder avec un arc de 15 millimètres de rayon.

94. Raccorder par un arc les deux côtés d'un angle de 45° qui ont 25 millimètres de longueur.

95. Tracer un arc de 120° avec un rayon de 15 millimètres, et le raccorder par une demi-circonférence extérieure de 16 milimètres de diamètre.

96. Tracer un arc de 20 millimètres de rayon, et raccorder cet arc avec un autre arc assujetti à passer par un point donné.

97. Menez une horizontale de 30 millimètres, et raccordez ses extrémités par deux quarts de cercle de 10 millimètres de rayon, et raccordez ensuite ces deux arcs de cercle par une demi-circonférence.

98. Avec des rayons de 10 millimètres et de 15 millimètres, tracez deux arcs dont les centres soient distants de 35 millimètres, et sur la ligne des centres raccordez ces deux arcs.

99. Tracez une ove sur une droite de 30 millimètres.

100. Tracez une ovale sur une droite de 40 millimètres.

§ X. — Triangles.

207. Problème. *Construire un triangle, étant donnés deux côtés a et b et l'angle compris C.*

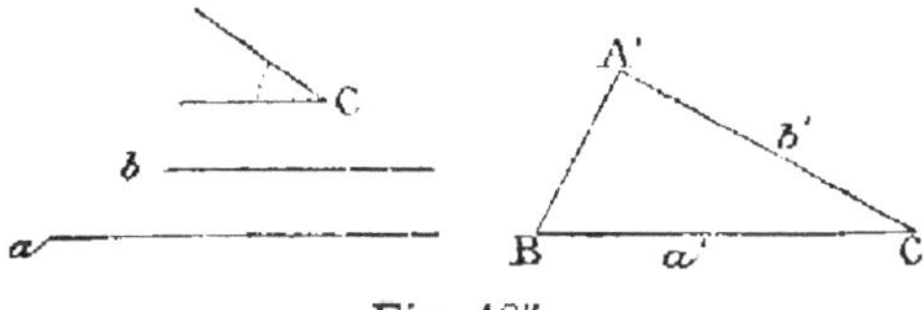

Fig. 185.

On construit d'abord un angle C égal à l'angle donné C; sur les côtés de cet angle, on porte CB égal à *a* et CA égal à *b*, et l'on mène AB, qui termine le triangle demandé.

208. Problème. *Construire un triangle, étant donnés un côté* a *et les deux angles adjacents* B *et* C.

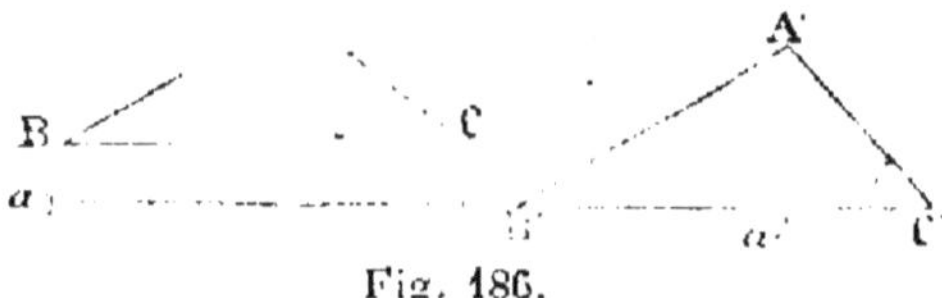

Fig. 186.

On trace une droite B'C' égale au côté donné a; on reproduit l'angle B en B', et l'angle C en C', et l'on obtient le triangle demandé.

Remarque. La somme des deux angles donnés doit être moindre que deux angles droits.

209. Problème. *Construire un triangle, étant donnés les trois côtés* a, b, c.

Fig. 187.

On trace une droite BC égale à l'un des côtés donnés, a, par exemple; des points B et C, avec des rayons égaux respectivement à c et à b, on décrit des arcs dont la rencontre en A détermine le troisième sommet du triangle.

210. Remarque. Pour que le problème soit possible, il faut que le plus grand des côtés donnés soit moindre que la somme des deux autres côtés, et que le plus petit soit plus grand que la différence des deux autres.

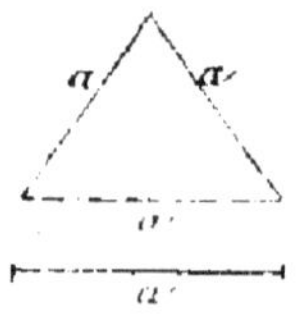

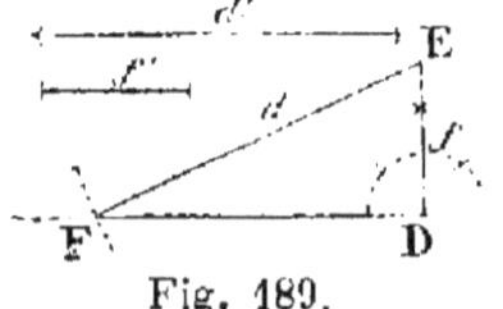

Fig. 188.

211. Remarque. Construire un triangle équilatéral dont on donne le côté a revient à construire un triangle, étant donnés les trois côtés.

212. Problème. *Construire un triangle rectangle, connaissant l'hypoténuse et un autre côté.*

Fig. 189.

On donne l'hypoténuse d' et un autre côté f'; pour construire le triangle rectangle demandé, on fait un angle droit D, et l'on porte sur l'un des côtés de cet angle une longueur DE égale au côté donné f'. Du point E comme centre, avec un rayon égal à la longueur donnée comme hypoténuse, on coupe l'autre côté de l'angle droit au point F. On mène EF, et DEF est le triangle demandé.

Exercices graphiques.

(CONSTRUCTION DES TRIANGLES)

101. Construire un triangle ayant pour côtés 30, 25 et 35 millimètres.

102. Construire un triangle dont deux côtés ont 30 et 25 millimètres, et l'angle compris 60°.

103. Construire un triangle équilatéral de 25 millim. de côté.

104. Construire un triangle dont un côté a 35 millimètres, et les angles adjacents à ce côté 30° et 45°.

105. Construire un triangle isocèle ayant pour base 25 millimètres, et dont les côtés égaux ont chacun 35 millimètres.

106. Construire un triangle isocèle ayant pour base 24 millimètres et pour hauteur 32 millimètres.

107. Construire un triangle rectangle ayant pour côtés de l'angle droit 25 et 30 millimètres.

108. Construire un triangle rectangle dont un des côtés de l'angle droit a 30 millimètres et l'hypoténuse 50 millimètres.

109. Construire un triangle rectangle dont un des côtés de l'angle droit a 20 millimètres, et l'angle aigu adjacent a 60°.

110. Construire un triangle dont deux côtés ont 25 et 35 millimètres, et l'angle opposé au grand côté 60°.

111. Construisez un triangle isocèle dont la base égale 30 millimètres et l'angle du sommet 50°.

112. L'angle au sommet d'un triangle isocèle étant de 80°, trouvez graphiquement l'angle à la base, et construisez le triangle avec une hauteur de 40 millimètres.

113. Construisez un triangle isocèle dont la hauteur soit de 24 millimètres et l'angle au sommet de 100°.

114. Construisez un triangle isocèle dont la somme des trois côtés soit de 110 millimètres et la base de 30 millimètres.

Problèmes numériques.

(TRIANGLES)

115. La somme de deux angles d'un triangle est de 115°48′; quelle est la valeur du troisième?

116. L'un des angles aigus d'un triangle rectangle égale 51°17′; quelle est la valeur de l'autre angle aigu?

117. Deux angles d'un triangle scalène ont 47°58′ et 56°49′; quelle est la valeur du troisième?

118. Un angle d'un triangle a 72°14′; quelle est la somme des deux autres?

119. Un angle d'un triangle a 54°20'; quelle est la valeur de chacun des deux autres angles, sachant qu'ils sont entre eux comme 2, 3 ?

120. Quelle est la valeur de l'angle à la base d'un triangle isocèle, sachant que l'angle au sommet égale 24°16' ?

121. Quelle est la valeur de l'angle au sommet d'un triangle isocèle, sachant que l'angle à la base égale 72°24' ?

122. Quelle est la valeur de chacun des deux angles aigus d'un triangle rectangle isocèle ?

123. Si l'on prolonge l'un des côtés d'un triangle, quelle est la valeur de l'angle extérieur ?

§ XI. — Quadrilatères.

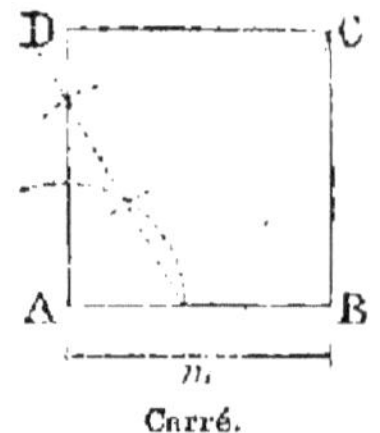

Carré.

Fig. 190.

213. Problème I. *Construire un carré, connaissant le côté.*

On trace une droite AB égale au côté donné *m*; au point A on élève une perpendiculaire AD égale à *m*. Des points D et B, avec une ouverture de compas égale aussi à *m*, on décrit des arcs qui se coupent au point C. On mène DC et BC, et on forme le carré demandé ABCD.

214. Problème II. *Construire un carré dont on connaît la diagonale.*

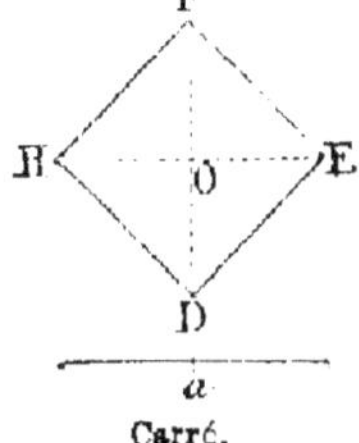

Carré.

Fig. 191.

Soit *a* la diagonale donnée (fig. 190). Pour construire le carré, on mène deux perpendiculaires indéfinies HE, FD. On porte, à partir du point de rencontre O, des longueurs OE, OF, OD, OH égales à la moitié de la diagonale donnée.

Remarque. Pour s'assurer qu'un quadrilatère est un carré, il suffit de vérifier l'égalité des diagonales et l'égalité des côtés.

215. Problème III. *Construire un rectangle dont on donne la longueur et la largeur.*

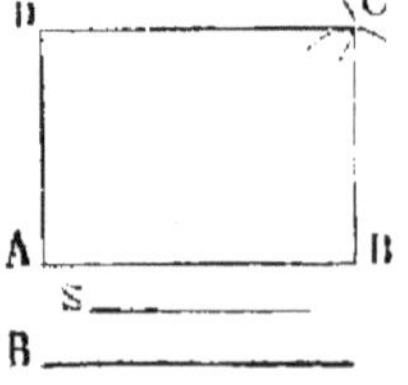

Rectangle.

Fig. 192.

Soient données B et S la longueur et la largeur du rectangle. Pour construire ce rectangle, on fait en A un angle droit, et on prend AB = B, AD = S.

Du point B comme centre, avec S pour rayon, et du point D, avec B pour rayon, on décrit deux arcs, qui se coupent au point C, et l'on obtient le quadrilatère ABCD, qui est le rectangle demandé.

216. Problème IV. *Construire un losange, connaissant les diagonales.*

Pour construire un losange dont les diagonales sont a et b (fig. 193), on trace deux perpendiculaires indéfinies AC et BD, et l'on porte, à partir du point O, les longueurs OB et OD, moitié de b, et les longueurs OA et OC, moitié de a.

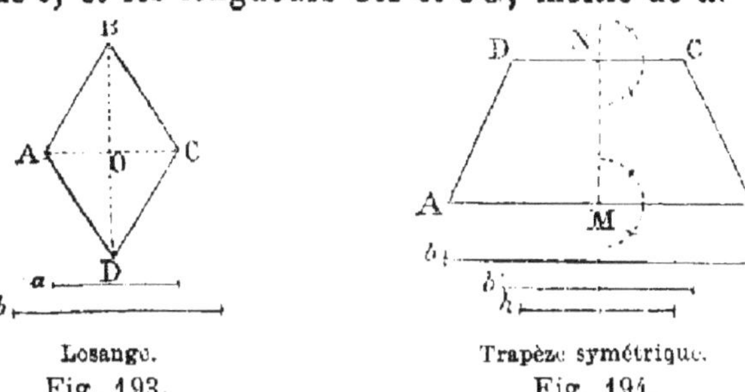

Losange.
Fig. 193.

Trapèze symétrique.
Fig. 194.

217. Problème. *Construire un trapèze isocèle, connaissant les deux bases et la hauteur.*

Soient b et b' les bases données et h la hauteur (fig. 194). Pour construire le trapèze isocèle, on prend MN $= h$, et l'on élève deux perpendiculaires AB et DC aux extrémités M et N, sur lesquelles, à partir des points M et N, on porte respectivement la moitié des bases b et b', et l'on mène AD et BC.

APPLICATIONS DES QUADRILATÈRES

218. Rectangle. Le *rectangle* est le plus employé des quadrilatères ; les portes, les fenêtres, les murs, les planchers de nos appartements, les cadres de tableaux, les feuilles d'un livre, etc., ont la forme rectangulaire.

Mur en briques.
Fig. 195.

Parquet.
Fig. 196.

Croisée.
Fig. 197.

219. Carré. Le *carré* est employé dans les carrelages, dans les panneaux de portes, dans les plantations, etc.

Plantation en carré.
Fig. 198.

Carrelage.
Fig. 199.

220. Parallélogramme. Le *parallélogramme* se retrouve dans certains parquets dits en points de Hongrie, etc.

2*

221. Losange. Le *losange* sert à la décoration des panneaux des portes. Les parquets, les treillis sont souvent formés de losanges, etc.

222. Trapèze. On rencontre le *trapèze* dans les toits à quatre pentes, dans les tas de gravier ou de pierres destinées à recharger les routes, etc.

223. Polygone. Les terrains cultivés ont généralement la forme de *polygones*.

Exercices graphiques.

(CONSTRUCTION DES QUADRILATÈRES)

124. Construire un carré ayant 32 millimètres de côté.

125. Construire un carré dont la diagonale ait 35 millimètres.

126. Construire un rectangle ayant 35 millimètres de base et 25 millimètres de haut.

127. Construire un rectangle ayant 35 millimètres de base, et dont la diagonale ait 42 millimètres.

128. Construire un rectangle dont les diagonales aient 40 millimètres et qui se croisent sous un angle de 30°.

129. Construire un losange dont les diagonales aient 35 et 20 millimètres.

130. Construire un losange dont une diagonale ait 35 millimètres et le côté 25 millimètres.

131. Construire un parallélogramme dont les deux diagonales aient 30 et 38 millimètres, et qui se croisent sous un angle de 45°.

132. Construire un parallélogramme dont les côtés aient 25 et 35 millimètres, et la diagonale 40.

133. Construire un trapèze rectangle dont les bases soient de 35 et 33 millimètres, et la hauteur de 26.

134. Construire un trapèze rectangle dont la base inférieure ait 35 millimètres, la hauteur 22, et le côté oblique 25.

135. Construire un quadrilatère dont les côtés ont consécutivement 26, 25, 30 et 35 millimètres, et la diagonale qui joint les deux premiers côtés 38 millimètres.

136. Construisez un losange dont le côté égale 30 millimètres, et l'angle aigu 60°.

137. Construisez un trapèze dont la base inférieure égale 40 millimètres, la base supérieure 20 millimètres, la hauteur 15 millimètres, et la diagonale de gauche à droite 30 millim.

138. Construisez un trapèze symétrique dont les deux bases égalent 40 et 26 millimètres, et le côté 12 millimètres.

139. Construisez un trapèze symétrique dont la base inférieure soit de 40 millimètres, la hauteur de 15 millimètres, et la diagonale de 30 millimètres.

140. Construisez un quadrilatère dont les quatre côtés soient 30, 25, 40 et 30 millimètres, et l'angle compris entre les deux premiers côtés de 130°.

Problèmes numériques.

(QUADRILATÈRES)

141. Quel est le côté d'un carré dont le contour égale 20 mèt.?

142. Quel est le côté d'un losange dont le périmètre égale celui d'un triangle équilatéral de 12 mèt. de côté?

143. Calculez la base et la hauteur d'un rectangle dont le périmètre égale 60 mèt., si la hauteur égale les $2/_3$ de la base.

§ XII. — Polygones quelconques.

On peut suivre plusieurs procédés pour copier un polygone.

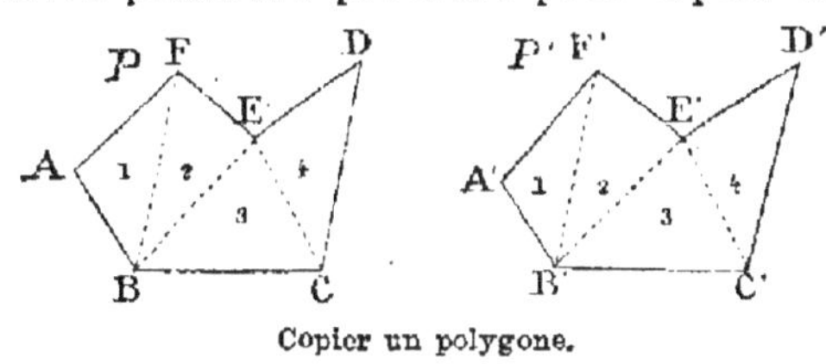

Copier un polygone.
Fig. 200.

224. 1ᵉʳ Moyen. *En le décomposant en triangles.* Pour reproduire le polygone P, on le décompose en triangles 1, 2, 3, 4, et l'on construit successivement et dans le même ordre chacun de ces triangles dont on connaît les trois côtés; on obtient ainsi le polygone P′ égal au polygone donné.

225. 2ᵉ Moyen. *Par trapèzes et triangles rectangles.* On joint par une ligne droite AE deux sommets opposés, et de chacun des autres sommets on abaisse des perpendiculaires sur cette ligne.

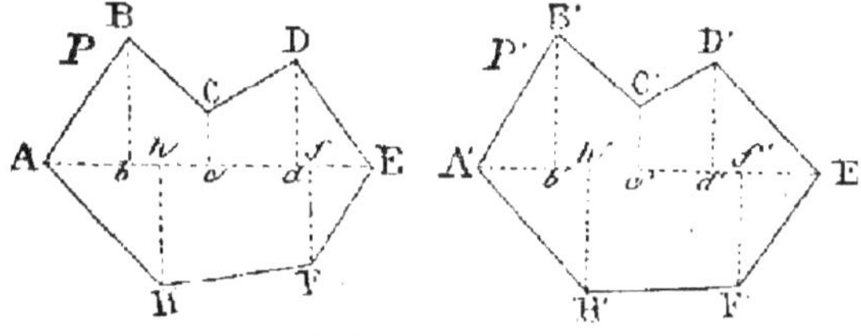

Copier un polygone.
Fig. 201.

Puis on mène une ligne A′E′ = AE, sur laquelle on porte les longueurs A′b′ = Ab, b′h′ = bh, etc. Aux points b′, h′, c′, d′, f′, on élève des perpendiculaires respectivement égales aux perpendiculaires correspondantes du polygone P. On obtient ainsi le polygone P′ égal au polygone P comme étant formé de triangles et de trapèzes rectangles égaux à ceux du polygone P.

§ XIII. — Polygones réguliers.

226. Pour construire un polygone régulier d'un nombre déterminé de côtés, on divise la circonférence en un même nombre de parties égales, et l'on joint les points de division.

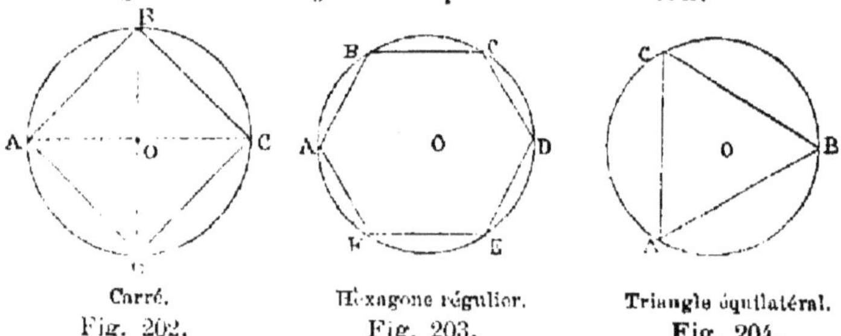

Carré.
Fig. 202.

Hexagone régulier.
Fig. 203.

Triangle équilatéral.
Fig. 204.

227. *Construire un octogone régulier au moyen d'un carré.*

Construisez d'abord un carré ABCD; menez ensuite les diagonales AC, DB, des points A, B, C, D, avec une demi-diagonale AO pour rayon; décrivez les arcs *gb, ad, fc, he,* et menez *ha, bc, de, fg;* vous formerez ainsi la figure *abcdefgh,* qui sera l'octogone régulier demandé.

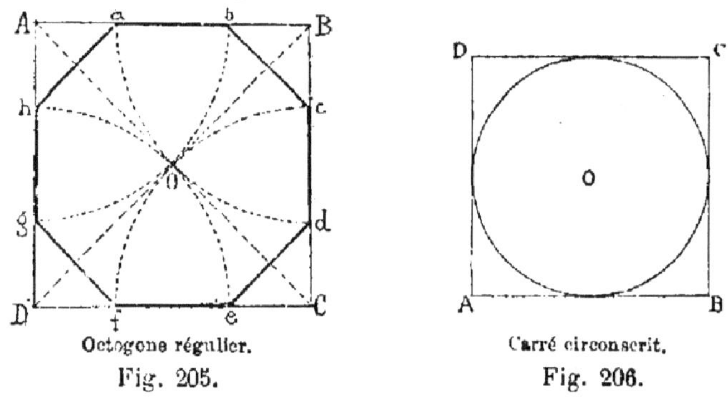

Octogone régulier.
Fig. 205.

Carré circonscrit.
Fig. 206.

228. *Circonscrire à un cercle un polygone régulier, par exemple un carré* (fig. 206).

Divisez la circonférence en quatre parties égales; et par les points de division, menez des tangentes à la circonférence.

229. **Problème.** *Cherchez le centre d'un polygone régulier.*

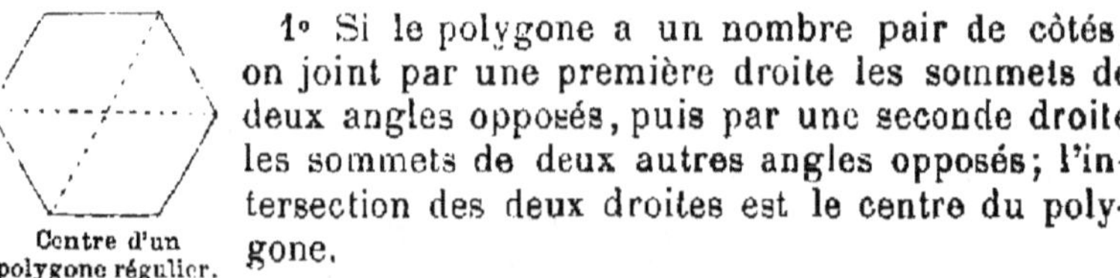

Centre d'un
polygone régulier.
Fig. 207.

1° Si le polygone a un nombre pair de côtés, on joint par une première droite les sommets de deux angles opposés, puis par une seconde droite les sommets de deux autres angles opposés; l'intersection des deux droites est le centre du polygone.

2° Si le polygone a un nombre impair de côtés, on joint, par une droite, le sommet d'un angle au milieu du côté opposé, puis le sommet d'un autre angle au milieu du côté opposé ; l'intersection des deux droites est le centre du polygone.

3° On peut encore, que le nombre des côtés soit pair ou impair, élever des perpendiculaires au milieu de deux côtés non parallèles ; leur rencontre est le centre du polygone.

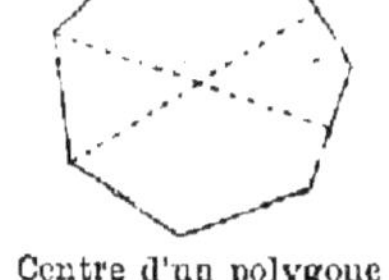

Centre d'un polygone régulier.

Fig. 208.

230. Problème. *Trouver le centre d'une circonférence.*

Prenez sur la circonférence trois points quelconques A, B, C. Joignez ces points par deux droites. Au milieu de ces droites AB et BC, élevez des perpendiculaires. Leur point de rencontre O sera le centre de la circonférence.

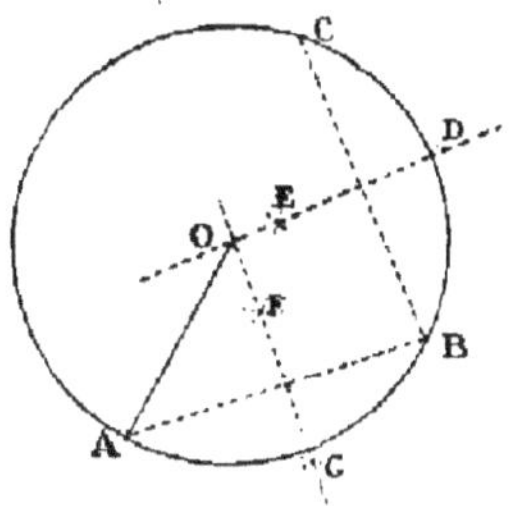

Fig. 209.

231. Remarque. On agirait de même pour trouver le centre d'un arc ou pour faire passer une circonférence par trois points donnés non en ligne droite.

Exercices graphiques.

(POLYGONES RÉGULIERS)

144. Faites un triangle équilatéral de 40 millimètres de côté, et sur ce triangle résolvez les questions suivantes : 1° Déterminez le centre de ce polygone ; 2° tracez le rayon du cercle inscrit ou l'apothème ; 3° tracez le rayon du polygone ; 4° tracez le cercle inscrit et le cercle circonscrit.

145. Tracez un carré de 35 millimètres de côté, et opérez comme au problème précédent.

146. Tracez sur un carré de 40 millimètres de côté un octogone régulier, et opérez sur ce polygone comme dans les deux problèmes précédents.

147. Tracez un hexagone régulier de 20 millimètres de côté.

148. Dans un cercle de 18 millimètres de rayon, inscrire un triangle équilatéral.

149. Dans un même cercle, inscrire un octogone régulier.

150. A un cercle de 15 millimètres de rayon circonscrire un triangle équilatéral.

151. A un même cercle (P. 150) circonscrire un carré.

152. A un même cercle (P. 150) circonscrire un hexagone régulier.

153. A un même cercle (P. 150) circonscrire un octogone régulier.

154. Construire un hexagone régulier de 20 millimètres de côté, mener toutes les diagonales de cet hexagone, et marquer en traits un peu forts le polygone intérieur formé par les diagonales.

155. Construire un hexagone régulier de 10 millimètres de côté; ensuite construire des carrés sur chacun des côtés de l'hexagone, et enfin unir les carrés entre eux.

156. Décrivez d'un même centre deux cercles ayant pour rayon 20 et 14 millimètres, et inscrivez dans chacun d'eux des hexagones réguliers; reliez les sommets par des droites dans la direction du centre.

157. Inscrivez un hexagone régulier dans un triangle équilatéral de 30 millimètres de côté.

Problèmes numériques.

(POLYGONES RÉGULIERS)

158. Quel est le périmètre du triangle équilatéral de 3^m25 de côté?

159. Quel est le côté du carré qui a 34^m60 de périmètre?

160. Quel est le périmètre d'un losange de 2^m34 de côté?

161. Un jardin rectangulaire a 82^m50 de long, 43^m75 de large; quelle est la longueur du périmètre?

162. Le périmètre d'un triangle isocèle est de 6^m40, l'un des côtés égaux est de 2^m50; quelle est la longueur de la base?

163. Quel est le rayon du cercle circonscrit à un hexagone régulier de 8^m40 de périmètre?

164. Quel est le côté du carré dont le périmètre est le même que celui de l'hexagone régulier inscrit dans un cercle de 2^m40 de rayon?

165. Quelle est la somme des angles des polygones qui ont : 1° quatre côtés; 2° cinq côtés; 3° six côtés; 4° huit côtés?

166. Quelle est la valeur de l'angle au centre d'un polygone régulier qui a : 1° trois côtés; 2° quatre côtés; 3° six côtés; 4° huit côtés?

167. Quelle est la valeur de l'angle d'un polygone régulier formé par deux côtés consécutifs : 1° de trois côtés; 2° de quatre côtés; 3° de six côtés; 4° de huit côtés?

CHAPITRE II

§ I. — Évaluation des surfaces

Problèmes numériques.

(SURFACES)

168. Quelle est la surface d'un carré de 1^m30 de côté?

169. Un rectangle a 12^m50 de base et 8^m75 de hauteur; quelle en est la surface?

170. Quelle est la hauteur d'un rectangle qui a une base de 53ᵐ60, et dont la surface est de 2529 mèt. carrés 92?

171. Quelle est la base d'un rectangle ayant pour surface 1607 mèt. carrés 04, et dont la hauteur est de 32ᵐ40?

172. Quelle est la surface d'un triangle dont la base est de 48ᵐ, et la hauteur de 35 mètres?

173. Quel est le côté du carré qui a 1156 mèt. carrés de superficie?

174. Quelle est la base d'un champ triangulaire qui a 571 mèt. carrés 05 de superficie, et dont la hauteur est de 23ᵐ50?

175. Quelle est la hauteur d'un triangle dont la surface égale 240 mèt. carrés 24, et la base 16ᵐ80?

176. Quelle est la surface d'un parallélogramme ayant 12ᵐ50 de base et 8ᵐ40 de hauteur?

177. Quelle est la hauteur d'un parallélogramme qui a une surface de 84 mèt. carrés 24, et dont la base est de 15ᵐ6?

178. Quelle est la surface d'un losange dont les diagonales ont 12ᵐ60 et 18ᵐ40?

179. La surface d'un losange est de 224 centimèt. carrés. Une de ses diagonales est de 16 mèt.; quelle est l'autre diagonale?

180. Combien faut-il de pavés carrés de 0ᵐ25 de côté pour paver une rue de 150 mètres de long sur 10 de large?

181. Calculez la surface d'un trapèze ayant pour bases 24 et 36 mètres, et pour hauteur 16 mètres.

182. La surface d'un trapèze égale 17 mèt. carrés; les deux bases ont : l'une 3ᵐ60, et l'autre 2ᵐ40; quelle est la hauteur?

183. On a peint deux portes qui ont chacune 2ᵐ50 de hauteur et 0ᵐ95 de largeur; à combien revient ce travail à raison de 1 fr. 80 le mèt. carré?

184. Un terrain de forme irrégulière se décompose en un triangle, un carré et un rectangle, dont les dimensions sont : triangle, base 25 mètres, hauteur 3ᵐ75; carré, côté 85ᵐ25; rectangle, base 70ᵐ25, hauteur 15ᵐ45; calculez la surface totale.

185. Quelle est la surface d'un terrain de la forme quadrangulaire dont une diagonale : AC = 80 mèt., et les perpendiculaires abaissées des deux autres sommets sur la diagonale, BE = 35 mèt., DF = 50 mèt.?

186. Quel est le côté d'un carré de même surface qu'un rectangle de 28ᵐ30 de base et 15ᵐ20 de hauteur?

187. Un terrain rectangulaire de 160 mètres de longueur et de 120 mètres de largeur est échangé contre un autre terrain rectangulaire de même surface ayant 115 mètres de largeur; quelle est la longueur de ce dernier?

188. On demande la base et la hauteur d'un rectangle dont la surface est de 243 mèt. carrés, sachant que la base égale 3 fois la hauteur.

189. Calculez la base et la hauteur d'un rectangle de 243 mèt. carrés, sachant que la base est le tiers de la hauteur.

190. Calculez la base et la hauteur d'un rectangle de 120 mèt. carrés, sachant que le rapport de la base à la hauteur est de 3 $\frac{1}{3}$.

191. Quelles sont les deux diagonales d'un losange dont la surface est de 350 mèt. carrés, sachant que l'une de ces diagonales est les $\frac{4}{7}$ de l'autre ?

192. On demande la base et la hauteur d'un triangle dont la surface est de 486 mèt. carrés, sachant que la base égale les $\frac{3}{4}$ de la hauteur.

193. On demande la base et la hauteur d'un triangle de 98 mèt. carrés, sachant que la base égale la hauteur.

194. Calculez la hauteur et les bases d'un trapèze de 225 mèt. carrés, sachant que la hauteur égale la demi-somme des bases, et que la base supérieure est les $\frac{2}{3}$ de la base inférieure.

195. Calculez la hauteur et les bases d'un trapèze de 100 mèt. carrés, sachant que la hauteur égale le $\frac{1}{5}$ de la somme des bases, et que la base supérieure est le $\frac{1}{3}$ de la base inférieure.

196. Quelle est la surface d'un cercle de 5 mètres de rayon ?

197. Quelle est la surface d'un cercle de 12 mètres de rayon ?

198. Quelle est la surface d'un cercle de 15^{m}30 de diamètre ?

199. Quelle est la surface d'un cercle de 8^{m}168 de circonférence ?

200. Calculer le rayon d'un cercle dont la surface égale 36 mèt. carrés 316896.

201. Quelle est la longueur de la circonférence d'un cercle d'une surface de 21 mèt. carrés 237216 ?

202. Quelle est la surface d'un bassin circulaire de 12 mètres de rayon ?

203. Quelle est la surface d'un bassin circulaire dont le contour égale 75 mètres ?

204. Dans un terrain ayant la forme d'un carré de 45 mètres de côté, on veut creuser un bassin qui occupe le $\frac{1}{5}$ de la surface ; quel en sera le rayon ?

205. Quel est le diamètre d'un parterre circulaire qui occupe le $\frac{1}{4}$ de la surface d'un jardin ayant la forme d'un rectangle de 24 mètres de base sur 16 mètres de hauteur ?

206. Quelle est la surface d'une couronne circulaire ayant pour rayons 0^{m}95 et 0^{m}65 ?

207. Quelle est la surface de la bordure d'un parterre circulaire, sachant que le diamètre extérieur du parterre est de 16^{m}20, et la largeur de la bordure de 0^{m}60 ?

208. Quelle largeur faut-il donner à la bordure d'un bassin circulaire de 10^{m}60 de rayon pour que la bordure ait la même surface que le bassin ?

209. On a payé la menuiserie d'une porte cochère cintrée à raison de 40 fr. le mèt. carré. La partie rectangulaire a 3^{m}60 de large et 5^{m}80 de long ; quel est le prix ?

210. Quelle est la surface de la partie demi-circulaire d'une porte plein cintre qui a 2^{m}70 de large ?

211. Quelle largeur faut-il donner à la bordure d'un bassin circulaire de 3 mètres de rayon à l'intérieur, pour que la bordure ait la même surface que le bassin?

232. Carrelages. Les carrelages sont ordinairement faits par l'assemblage de polygones réguliers. Pour qu'on puisse couvrir un plan avec des polygones réguliers de même espèce, il faut que l'angle du polygone soit contenu un nombre exact de fois dans quatre angles droits. Le triangle équilatéral, le carré et l'hexagone régulier, sont les seuls polygones réguliers qui remplissent cette condition.

L'angle du triangle équilatéral est de 60°, il est contenu 6 fois dans 4 droits ou 360°.

L'angle du carré est droit, il est contenu 4 fois dans 360°.

L'angle de l'hexagone régulier égale 120°, il est contenu 3 fois dans 4 droits.

Souvent on combine les polygones réguliers entre eux. Ainsi on emploie l'octogone avec le carré.

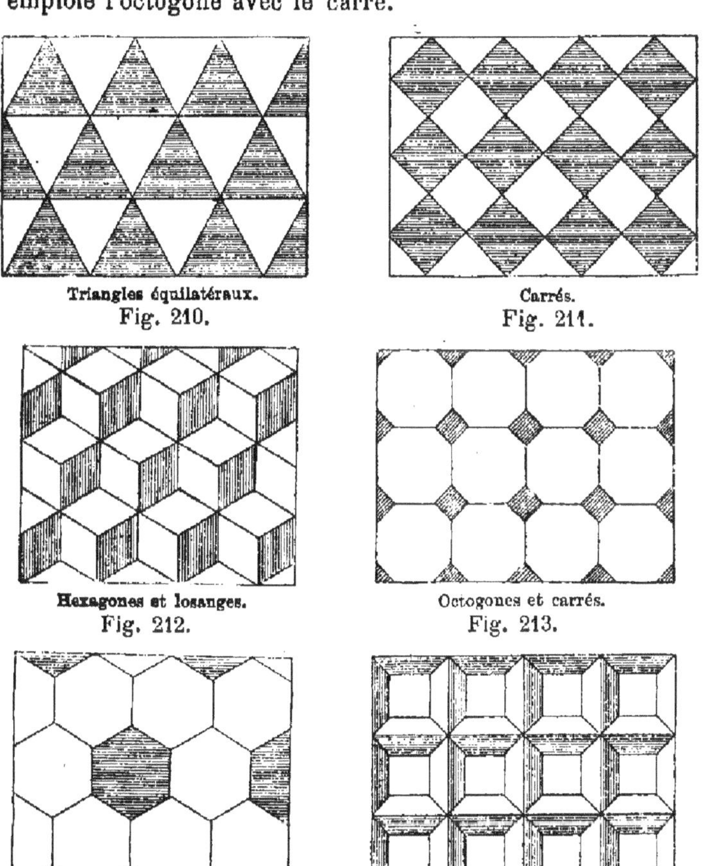

Triangles équilatéraux.
Fig. 210.

Carrés.
Fig. 211.

Hexagones et losanges.
Fig. 212.

Octogones et carrés.
Fig. 213.

Hexagones.
Fig. 214.

Carrés et trapèzes symétriques.
Fig. 215.

Problèmes numériques.

(CARRÉ DE L'HYPOTÉNUSE)

212. Les deux côtés de l'angle droit d'un triangle rectangle ont 6 mètres et 8 mètres; quelle est la longueur de l'hypoténuse?

213. L'hypoténuse d'un triangle rectangle a 25 mètres; un côté de l'angle droit a 15 mètres; quelle est la longueur de l'autre côté?

214. Quelle est l'hypoténuse d'un triangle rectangle dont les côtés ont respectivement 10^m 50 et 14 mètres?

215. L'un des côtés d'un triangle rectangle égale 7^m80; quelle est la longueur de l'autre côté, si l'hypoténuse égale 13 mètres?

216. Dites la surface d'un triangle équilatéral de 3^m 60 de côté.

217. La base d'un rectangle est 11^m 20, la hauteur est 8^m 20; quelle est la longueur de la diagonale?

218. La diagonale d'un rectangle est de 9^m 50; la hauteur est de 5^m 70; quelle est la longueur de la base?

219. Le côté d'un carré a 8 mètres; quelle est la diagonale?

220. La diagonale d'un carré a 12 mètres; dites le côté.

221. Les diagonales d'un losange ont respectivement 1^m 40 et 2^m 60; quelle est la longueur du côté?

222. Le côté d'un losange a 28 mètres, l'une des diagonales a 40 mètres; quelle est la longueur de l'autre diagonale?

223. Quelle est la surface d'un rectangle dont la diagonale est de 10^m 50 et la base de 6^m 80?

224. Dites la surface d'un carré dont la diagonale a 5^m 80.

225. Quelle est la surface d'un losange dont les diagonales ont 22^m 40 et 16^m 86?

226. Dites l'apothème de l'hexagone régulier de 6 mètres de côté.

227. Quelle est la surface d'un hexagone régulier inscrit dans un cercle de 2^m 40 de rayon?

228. Dans un cercle de 2^m 40 de rayon, calculer la distance de deux cordes parallèles dont l'une a 2 mètres et l'autre 1 mètre.

229. A quelle distance d'un mur faut-il appliquer une échelle de 8 mètres pour qu'elle atteigne à une hauteur de 5 mètres?

230. Une échelle de 7^m 25 est placée à 3^m 40 du pied du mur; à quelle hauteur atteindra-t-elle?

231. Dites la surface d'un hexagone régulier de 4ᵐ 20 de côté.

232. La base d'un triangle isocèle a 4ᵐ 85, l'un de ses côtés égaux a 8ᵐ 50; quelle est la surface de ce triangle?

233. Trouver la différence entre la surface d'un cercle de 5 mètres de rayon, et la surface du carré inscrit dans ce cercle.

234. Surface d'un trapèze dont la hauteur est moyenne proportionnelle entre les deux bases 16 mètres et 4 mètres?

§ II. — Lignes proportionnelles.

233. Échelle. On appelle *échelle graphique,* ou simplement *échelle,* une droite divisée en parties égales, dont chacune représente l'unité de longueur, le mètre ordinairement.

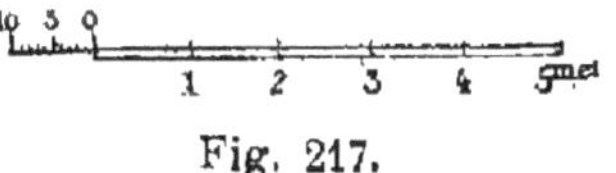

Fig. 216.

Par exemple, la droite AB peut être considérée comme représentant une longueur de 6 mètres; la partie qui est à gauche du point A représente un mètre divisé en décimètres.

Le double décimètre à biseau est une échelle sur laquelle on peut prendre le centimètre ou le millimètre pour mètre.

234. Construction de l'échelle. Soit à construire une échelle de 5 millimètres pour mètre.

On prend sur une ligne droite, ou sur le bord d'une bande de papier, des longueurs de 5 millimètres, et l'on divise une de ces longueurs en dix parties égales; chaque dixième correspond à un décimètre.

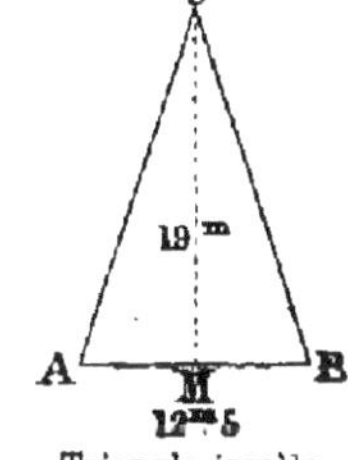

Fig. 217.

235. Usages de l'échelle. Les échelles servent:

1° A représenter un objet ou à faire un dessin semblable à un dessin donné;

2° A juger, d'après le dessin d'un objet, des dimensions réelles de cet objet.

236. Exemples : 1° Soit à représenter à l'échelle de 0ᵐ 001 pour mètre un triangle isocèle ayant 12ᵐ 50 de base et 19 mètres de hauteur.

Le décimètre nous servira d'échelle. On fera une ligne AB de 12 millimètres, 5 représentant la base, on élèvera une perpendiculaire MC de 19 millimètres au milieu de cette ligne, et l'on mènera les droites AC et BC.

Triangle isocèle.
Fig. 218.

2⁰ Soit un dessin à l'échelle de 2 millimètres pour mètre. Si l'on veut se rendre compte de la grandeur de l'objet, on mesurera à l'aide de l'échelle les diverses dimensions du dessin. Ainsi, FH ayant 24 millimètres, cette ligne a réellement $\frac{24}{2}$, ou 14 mètres.

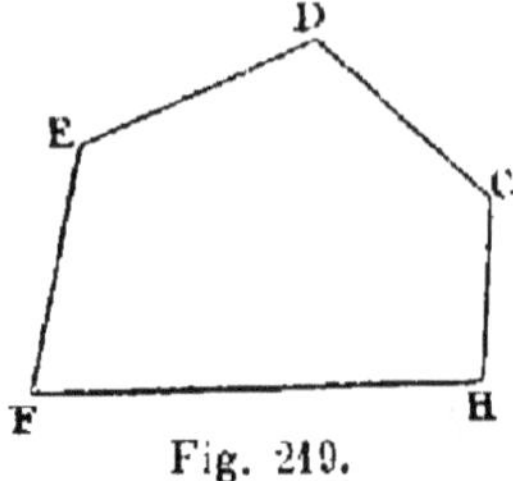

Fig. 219.

237. *Diviser une droite en parties égales au moyen d'un angle.*

Soit la droite AB à diviser en cinq parties égales. Tirez de l'extrémité A, et sous une inclinaison quelconque, une droite AC sur laquelle vous porterez cinq fois une même ouverture de compas prise arbitrairement.

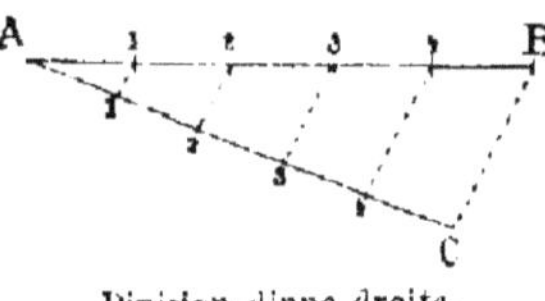

Division d'une droite.

Fig. 220.

Joignez la cinquième division à l'extrémité B de la ligne donnée, puis par les points de division menez des parallèles à CB. Ces parallèles diviseront AB en cinq parties égales.

238. *Construire, avec des dimensions deux fois moindres, un triangle semblable à un triangle donné.*

1ᵉʳ Procédé. Soit à construire un triangle semblable au triangle DEF avec des dimensions moitié.

Construisez le triangle T′ avec trois longeurs moitié des trois côtés du triangle DEF.

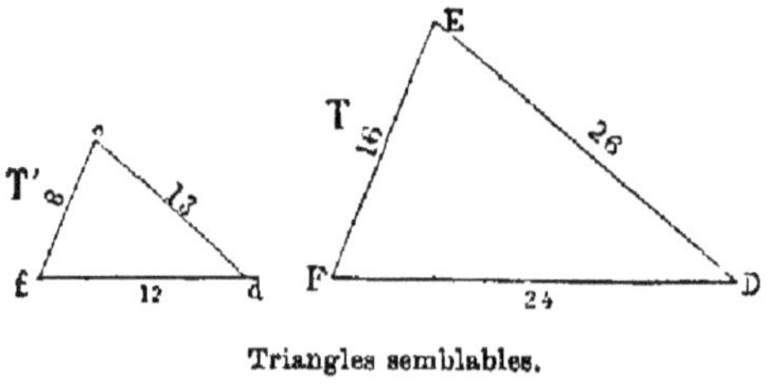

Triangles semblables.

Fig. 221.

2ᵉ Procédé. Soit à construire un triangle semblable au triangle ABC, avec des dimensions moitié moindres.

Abaissez du point B une perpendiculaire sur le côté AC, et mesurez au décimètre les lignes AD, DC et BD. Ensuite menez une ligne *ac* et la perpendiculaire *bd*. Portez sur *bd* la moitié

de la mesure de BD, et sur *ad* portez la moitié de la mesure
de AD et sur *cd* la mesure de CD.

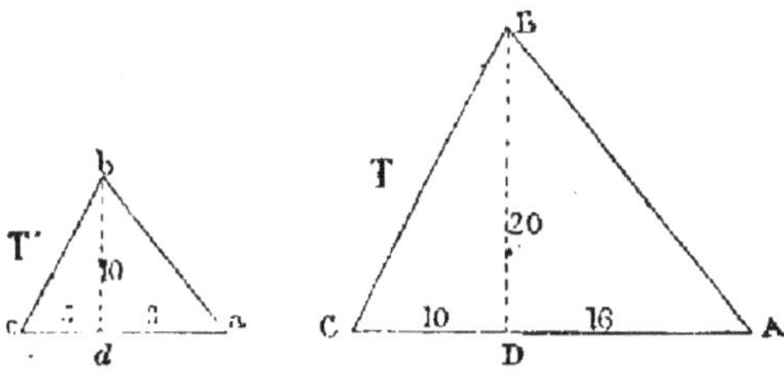

Triangles semblables.
Fig. 222.

239. *Sur une droite donnée construire un triangle semblable
à un triangle également donné.*

Soit à construire sur la droite *bc*
homologue de CB un triangle semblable au triangle ABC.

Au point *c* faites un angle égal à
l'angle C, et au point *b* un angle égal
à l'angle B.

Prolongez les côtés de ces angles
jusqu'à leur rencontre au point E.

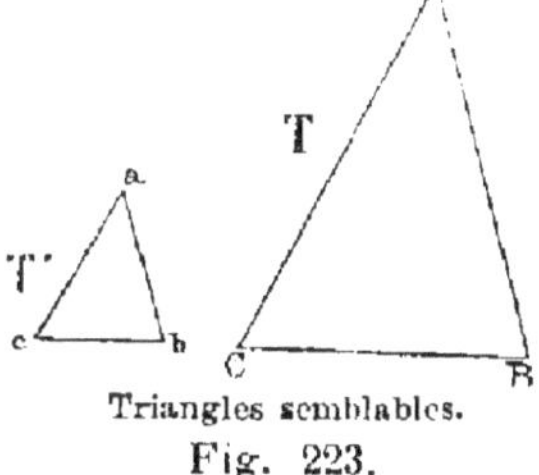

Triangles semblables.
Fig. 223.

240. *Construire sur une droite donnée AE un polygone semblable à un polygone donné P'.*

Soit dans le polygone donné le côté A'E' homologue de la ligne
donnée AE. Menons les diagonales A'D' et A'C'. Faisons au
point E un angle E = E', et au point A un angle s = s'.

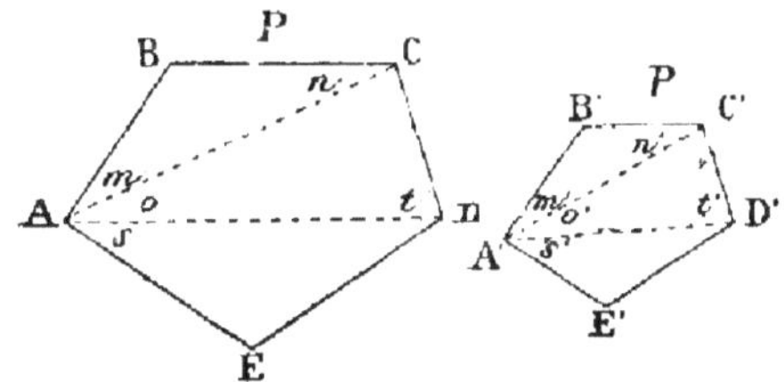

Polygones semblables.
Fig. 224.

Le triangle obtenu AED et le triangle A'E'D' sont semblables
comme ayant les trois angles égaux (n° 226). Sur AD homologue
de A'D' faisons les angles *o* et *t* respectivement égaux aux angles
o' et *t'*. Le triangle ABC sera semblable au triangle A'D'C'.
Sur AC faisons les angles *m* et *n* égaux aux angles *m'* et *n'*, et
le triangle ADB est encore semblable au triangle A'C'B'.

Les polygones P et P' sont semblables, car ils sont formés
d'un même nombre de triangles semblables et semblablement
placés.

241. *Par la méthode des carreaux, construire une figure* F'
semblable à une figure donnée F.

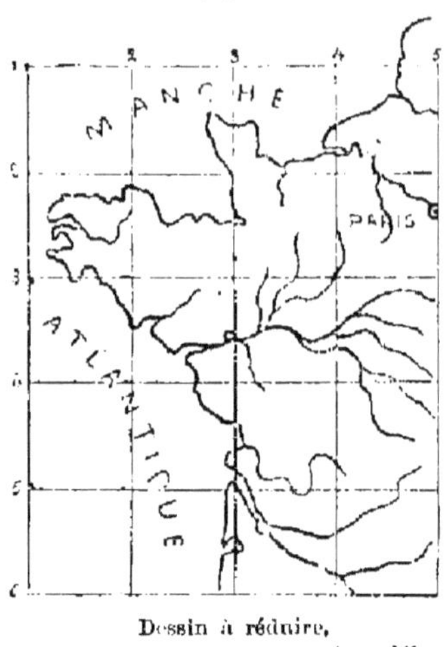

Dessin à réduire.   Réduction aux 2/3.

Fig. 225.

Sur la figure donnée tracez des carrés. Tracez un autre réseau
de carrés plus petits sur la feuille où doit se trouver la figure
à construire. Puis dessinez dans chaque carré de ce réseau une
figure analogue à celle qui lui correspond sur la figure donnée.

Exercices graphiques.

235. Faites une échelle de 5 millimètres pour mètre.

236. Faites une échelle de 2 centimètres pour mètre.

237. Faites une échelle de 5 centimètres pour mètre.

238. Tracez une ligne de 40 millimètres, et divisez-la en six
parties égales au moyen d'un angle.

239. Tracez une droite de 35 millimètres, et divisez-la en
parties proportionnelles à trois autres lignes de 15, de 20 et
de 25 millimètres.

240. Tracez deux droites de 15 millimètres et de 24 millimètres, et cherchez la moyenne proportionnelle à ces deux
droites.

241. Faites un triangle qui ait pour base 35 millimètres et
pour côtés 30 et 25, puis faites un triangle semblable qui ait
30 millimètres de base.

242. Tracez un triangle qui ait pour côtés 32 millimètres, 28
et 24, et dans l'intérieur faites un triangle semblable, dont les
côtés soient parallèles, et à 5 millimètres de ceux du premier.

243. Faites un triangle équilatéral de 32 millimètres de côté,
et faites-en un second, dont le périmètre soit moitié moindre.

244. Faites un triangle dont les côtés ont 20, 24 et 30 millimètres, puis construisez un triangle semblable, dont le périmètre égale 60 millimètres.

245. Faites un hexagone régulier de 20 millimètres de côté, puis faites-en un second, dont le périmètre soit les $^3/_4$ de celui du premier.

246. Même problème en opérant sur un octogone de 20 millimètres de côté.

247. Construire un quadrilatère dont les quatre côtés soient successivement 32 millimètres, 25, 36 et 30, et la diagonale 40 millimètres; puis, sur une diagonale de 35 millimètres, construisez un quadrilatère semblable au premier.

248. Construisez un polygone quelconque de cinq côtés, dont le premier côté ait 25 millimètres, et faites un polygone semblable, dont le premier côté ait 20 millimètres.

249. Même problème sur un hexagone irrégulier ayant la même longueur pour son premier côté, le polygone à construire ayant aussi 20 millimètres pour son premier côté.

250. Tracez un triangle à volonté, et, sans mesurer la longueur des côtés, tracez un second triangle semblable et qui ait un périmètre double.

251. Faites un rectangle à volonté, et, sans mesurer les côtés, tracez un second rectangle semblable et qui ait un périmètre moitié moindre.

252. Tracez une circonférence, et, sans mesurer le rayon, tracez un second cercle qui ait une circonférence triple.

253. Tracez un triangle équilatéral à volonté, et, sans mesurer le côté, tracez un second triangle semblable qui ait un périmètre double.

254. Tracez un quadrilatère quelconque, et, sans mesurer les côtés, construisez un second quadrilatère dont le périmètre soit trois fois moindre.

Problèmes numériques.

(LIGNES PROPORTIONNELLES — FIGURES SEMBLABLES)

255. Quel est le rapport des périmètres de deux triangles équilatéraux ayant pour côtés, le premier 10 mètres et le second 18 ?

256. Quel est le rapport des périmètres des carrés ayant pour côtés 5 mètres et 12 mètres ?

257. Quel est le rapport des périmètres des pentagones réguliers inscrits dans des cercles ayant pour rayons 15 millimètres et 20 millimètres ?

258. Un triangle a pour côtés 12 mèt. 25 mèt. 32 mèt.; quels seraient les côtés d'un triangle semblable ayant un périmètre trois fois plus grand ?

259. Un carré a pour côté 16 mètres; quel serait le côté d'un carré ayant un périmètre deux fois moindre ?

260. Un rectangle a pour base 10 mètres et pour hauteur 8 mètres; quelles seraient la base et la hauteur d'un rectangle semblable ayant un périmètre deux fois $\frac{1}{2}$ plus grand ?

261. Un polygone régulier a 12^{m}75 pour l'un de ses côtés; quel est le côté homologue d'un polygone semblable qui aurait un périmètre trois fois plus grand ?

262. Un octogone régulier est inscrit dans un cercle de 20 millimètres de rayon; quel est le rayon du cercle dans lequel un octogone inscrit a un périmètre double ?

263. Un triangle a pour côtés 20 mètres, 26 mètres, 30 mètres; quels sont les côtés d'un triangle semblable dont le périmètre égale 114 mètres ?

264. Un rectangle a 15 mètres de base et 9 mètres de hauteur; calculez la base et la hauteur d'un rectangle semblable, dont le périmètre égale 36 mètres.

265. Un quadrilatère irrégulier a pour côtés 40 mètres, 20 mètres, 25 mètres, 30 mètres, et pour diagonale 55 mètres; calculez les côtés et la diagonale d'un quadrilatère semblable ayant pour périmètre 92 mètres.

266. Quel est le rapport des surfaces de deux carrés ayant pour côtés, le premier 5 mètres, le second 12 mètres ?

267. Quel est le rapport des surfaces de deux cercles ayant pour rayons, le premier 4 mètres, et le second 10 mètres ?

268. Quelle est la surface d'un losange dont les diagonales sont doubles de celles d'un autre losange qui a 60 mèt. carrés ?

269. Quelle est la surface d'un carré dont les côtés sont deux fois moindres que ceux d'un autre carré qui a 100 mèt. carrés ?

270. Quelle est la surface d'un cercle dont le rayon est trois fois plus grand que celui d'un autre cercle qui a 40 mèt. carrés ?

271. Un triangle a pour côtés 12 mètres, 25 mètres, 32 mètres; quels seraient les côtés d'un triangle semblable ayant une surface quatre fois plus grande ?

272. Un carré a pour côté 18 mètres; quel serait le côté d'un carré double en surface ?

273. Un rectangle a pour base 12 mètres et pour hauteur 5 mètres; quelles seraient la base et la hauteur d'un rectangle semblable ayant une surface trois fois plus grande ?

274. Un cercle a 12 mètres de rayon; quel est le rayon d'un cercle ayant une surface cinq fois plus grande ?

275. Un polygone irrégulier a pour un de ses côtés une longueur de 25ᵐ 15 ; on demande le côté homologue d'un polygone semblable ayant une surface six fois plus grande.

276. Un polygone a pour un de ses côtés une longueur de 7 mètres ; on demande le côté homologue d'un polygone semblable ayant une surface deux fois moindre.

277. Quel est le côté d'un triangle équilatéral équivalent en surface à la somme de trois autres triangles équilatéraux ayant pour côtés 10 mètres, 15 mètres, 25 mètres ?

278. Quel est le rayon d'un cercle équivalent en surface à la somme de quatre cercles ayant pour rayons 6 mètres, 9 mètres, 12 mètres, 15 mètres ?

279. Quel est le côté d'un hexagone régulier égal à la différence de deux hexagones réguliers qui ont pour côtés 12 mètres et 6 mètres ?

280. Quel est le côté d'un triangle équilatéral de 1ᵐᑫ 732 ?

281. Quel est le côté d'un hexagone régulier de 25ᵐᑫ 40 de côté ?

282. Combien faut-il de pavés ayant la forme d'un hexagone régulier de 0ᵐ 08 de côté, pour paver un appartement de 6ᵐ 50 de longueur sur 4ᵐ 72 de largeur ?

283. Combien faut-il de pavés ayant la forme de triangles équilatéraux de 0ᵐ 15 de côté, pour paver un appartement de 4ᵐ 38 de longueur sur 2ᵐ 75 de largeur ?

284. Il a fallu 1236 pavés ayant la forme de triangles équilaraux de 16 centimètres de côté, pour paver un appartement ; combien en aurait-il fallu s'ils n'avaient eu que 12 centimètres de côté ?

285. Il a fallu 1854 pavés de forme hexagonale ayant 8 centimètres de côté, pour paver un appartement ; combien en aurait-il fallu s'ils avaient eu 1 décimètre de côté ?

§ III. — Transformation des figures.

242. *Étant donné un triangle quelconque, le transformer en un triangle rectangle équivalent.*

Soit ABC le triangle donné. Menez BD parallèle à la base AC ; élevez la perpendiculaire AD, et joignez DC.

Le triangle rectangle ACD est équivalent en surface au triangle donné ABC, comme ayant même base et même hauteur.

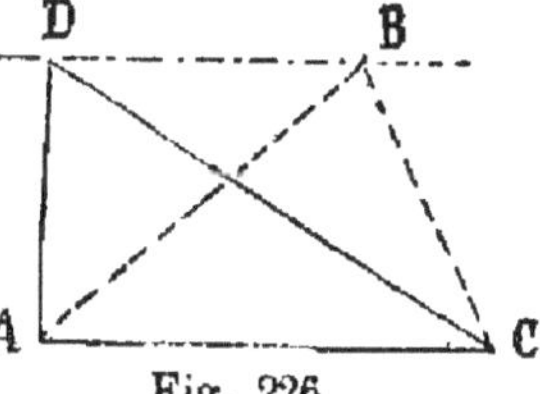

Fig. 226.

243. *Étant donné un rectangle, le transformer en un triangle rectangle équivalent.*

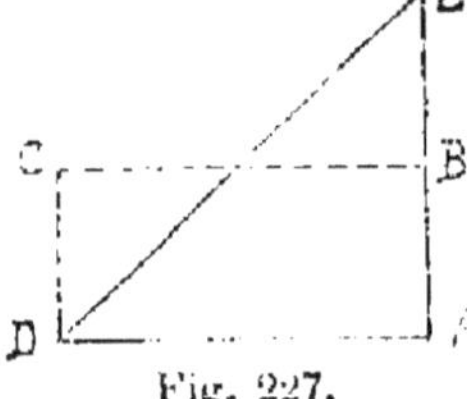

Fig. 227.

Soit le rectangle donné ABCD. Prolongez la hauteur AB, et portez la longueur BA en BE. Joignez ED.

Le rectangle AED est équivalent au rectangle donné; car ils ont l'un et l'autre pour surface AD × AB.

244. *Transformer un trapèze en un triangle équivalent.*

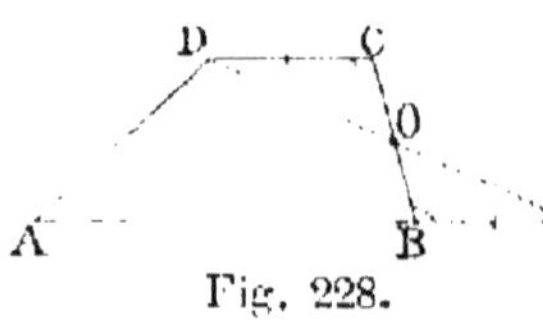

Fig. 228.

Soit le trapèze ABCD. Prolongez AB. Prenez BE = EDC, et menez DE.

Le triangle ADE et le trapèze sont équivalents, parce qu'ils ont même hauteur et que la base du triangle égale la somme des deux bases du trapèze.

245. *Transformer un trapèze en un rectangle équivalent.*

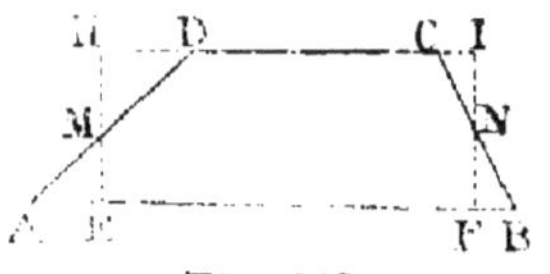

Fig. 229.

Pour avoir un rectangle équivalent au trapèze ABCD (fig. 229), prolongez la petite base DC; puis, par les points M et N, milieux des côtés non parallèles, menez les droites HE et IF perpendiculaires aux bases.

Le rectangle EFIH est équivalent au trapèze ABCD, car les triangles AME et NFB du trapèze sont remplacés par les triangles égaux HMD, INC.

246. *Transformer une figure quelconque en un carré.*

Quelle que soit la figure donnée, le côté du carré est toujours une moyenne proportionnelle entre les deux lignes dont le produit donne l'aire de la figure :

Pour un rectangle, entre la base et la hauteur;

Pour un triangle, entre la base et la demi-hauteur;

Pour un trapèze, entre la hauteur et la demi-somme des bases.

247. *Transformer un rectangle R en un carré équivalent.*

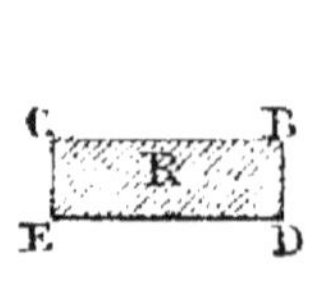
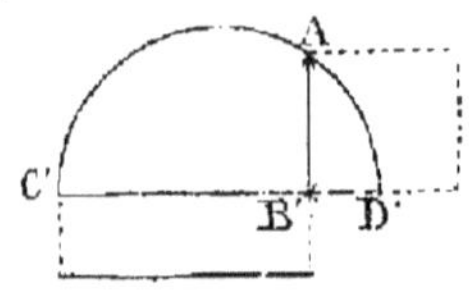

Fig. 230.

Sur une ligne droite on porte C'B', puis B'D' égales à CB et BD, les deux dimensions du rectangle, et sur C'D' comme diamètre on décrit une demi-circonférence. La perpendiculaire AB', élevée au point B', séparation des deux dimensions, est le côté du carré équivalent au rectangle R.

248. *Transformer un triangle en un carré équivalent.*

Cherchez une moyenne proportionnelle MN entre la base AC et la moitié DE de la hauteur DB. Construisez le carré MNOP, qui est équivalent au triangle.

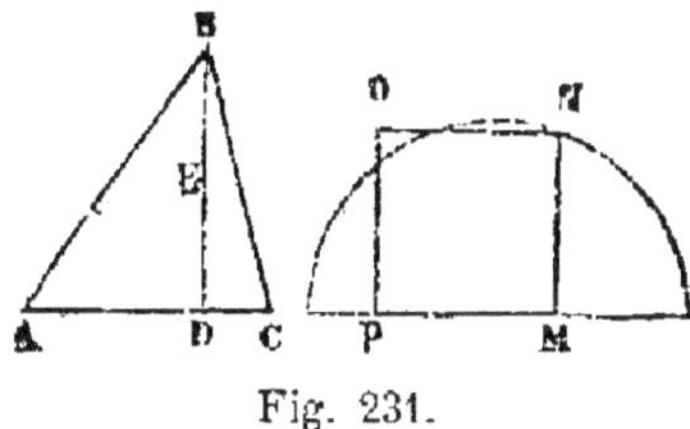

Fig. 231.

249. *Construire un carré égal à la somme de deux carrés donnés M et N.*

Tracez un angle droit A, et prenez AB égal au côté du carré M, et AD égal au côté du carré N, puis menez BD.

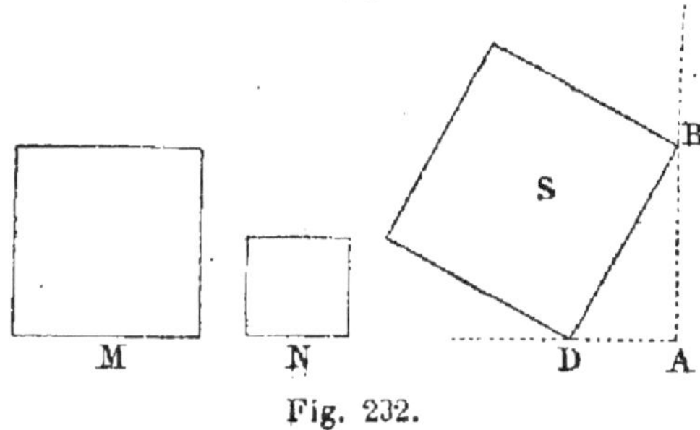

Fig. 232.

Le carré S est le carré de l'hypoténuse, il est égal à la somme des carrés des deux autres côtés.

250. Remarque. Pour avoir un carré double d'un autre, il suffit de construire un carré sur la diagonale.

251. *Construire un carré égal à la différence de deux carrés donnés M et N.*

Tracez un angle droit A; prenez AB égal au côté du petit carré N, et du point B, avec un rayon égal au côté du grand carré, coupez l'autre côté de l'angle droit.

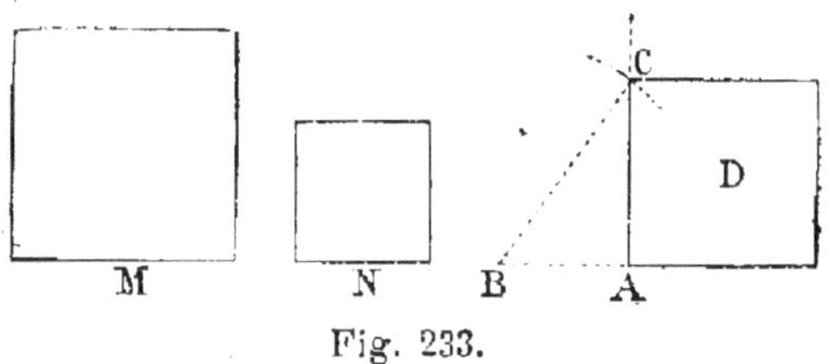

Fig. 233.

Le carré D vaut le carré construit sur BC, moins le carré construit sur AB.

252. *Élever une perpendiculaire à l'extrémité d'une ligne par la propriété du triangle rectangle.*

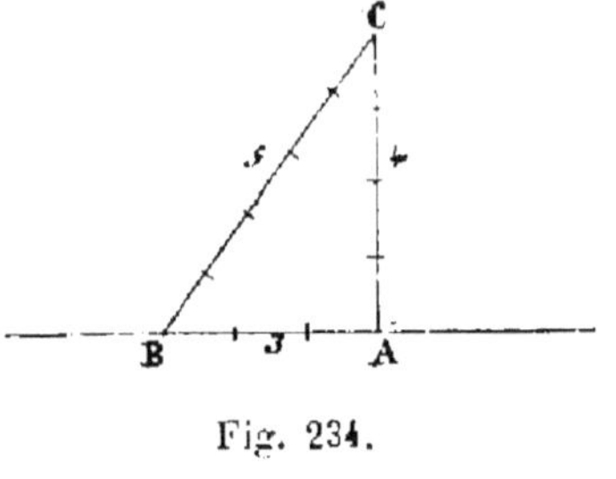
Fig. 234.

Portez sur la ligne AB cinq parties égales; du point A, et avec une ouverture de compas égale à trois divisions décrivez un arc de cercle en C. De la quatrième division D, et avec un rayon AB égal à cinq divisions, décrivez un autre arc qui coupe le premier. Menez AC, elle sera la perpendiculaire demandée.

Exercices graphiques.

(TRANSFORMATION DES FIGURES)

286. Construire un carré qui soit égal à la somme de deux autres dont les côtés ont 15 millimètres et 20 millimètres.

287. Construire un carré dont la surface égale la différence de deux autres qui ont pour côtés 35 millimètres et 12 millimètres.

288. Construisez un carré qui soit la somme de trois autres dont les côtés ont 15 millimètres, 20 et 25 millimètres.

289. Tracez une droite de 36 millimètres, et à son extrémité menez une perpendiculaire à l'aide de la propriété du triangle rectangle.

290. Tracez deux triangles équilatéraux ayant pour côtés 35 millimètres et 20 millimètres; puis tracez-en d'autres qui soient : 1° la somme des deux premiers; 2° leur différence.

291. Tracez deux rectangles semblables ayant pour bases et pour hauteur : 1° 30 millimètres et 15 millimètres; 2° 24 millimètres et 12 millimètres; puis faites-en un troisième semblable aux deux premiers qui soit leur somme.

292. Tracez trois cercles ayant pour rayons 10 millimètres, 15 millimètres et 20 millimètres; puis décrivez-en d'autres qui soient : 1° la somme des trois premiers; 2° la différence entre la somme des deux premiers et le troisième.

293. Tracez à volonté deux quadrilatères semblables, et faites un troisième qui soit : 1° la somme des deux autres; 2° la différence des deux autres.

294. Faites un triangle quelconque sur une base de 35 millimètres, et sur la même base construisez un triangle isocèle équivalent.

295. Construisez un triangle ayant pour côtés 30, 25 et 28 millimètres, et construisez sur le premier côté un triangle rectangle équivalent.

296. Faites un triangle dont les côtés soient 24, 20 et 32 millimètres; puis faites un rectangle équivalent.

297. Construisez un rectangle de 32 millimètres de base et 18 millimètres de hauteur, et construisez un triangle isocèle équivalent.

298. Construisez un trapèze symétrique ayant pour bases 20 et 30 millimètres et pour hauteur 18 millimètres, et construisez un rectangle équivalent et un triangle isocèle équivalent.

299. Tracez un carré de 30 millimètres de côté, et faites un rectangle équivalent dont la somme des deux côtés adjacents soit 70 millimètres.

300. Tracez un parallélogramme dont les deux côtés adjacents soient de 35 millimètres et 20 millimètres, et l'angle qu'ils comprennent de 60°. Construisez un triangle rectangle équivalent.

301. Faites un rectangle de 15 millimètres de hauteur et 25 millimètres de base, puis un deuxième de surface double.

302. Faites un triangle équilatéral de 25 millimètres de côté; puis construisez-en un second de surface deux fois plus grande.

303. Faites un triangle équilatéral de 30 millimètres de côté, et construisez un deuxième triangle de surface moitié.

304. Décrivez un cercle de 20 millimètres de diamètre, puis un second de surface double.

305. Décrivez un cercle de 20 millimètres de rayon, puis un second de surface moitié.

306. Construisez un hexagone régulier de 15 millimètres de côté, et un deuxième de surface double.

Problèmes numériques.

(TRANSFORMATION DES FIGURES)

307. Quelle est la hauteur d'un triangle qui a 12 mètres de base, et qui est équivalent à un autre triangle dont la base est de 20 mètres et la hauteur de 6 mètres ?

308. Quelle est la base d'un triangle isocèle de 20 mètres de hauteur, et qui est équivalent à un triangle rectangle dont les côtés de l'angle droit sont 18 mètres et 30 mètres ?

309. Quelle est la hauteur d'un triangle dont la base égale 16 mètres, sachant que ce triangle est équivalent à un cercle de 11 mètres de diamètre ?

310. Quels sont les côtés des carrés équivalents en surface à un triangle dont la base est de 16 mètres et la hauteur de 12 mètres ?

311. Sur la base de 60 mètres, quelle hauteur faudrait-il prendre pour construire un rectangle équivalent en surface à un carré de 30 mètres de côté ?

312. Quel est le rayon du cercle équivalent en surface à un carré de 48 mètres de côté ?

CHAPITRE III

DES SOLIDES

PRISME ET CYLINDRE. — Exercices graphiques.

313. S'exercer à reproduire au tableau noir les solides qui sont représentés dans l'ouvrage : cube, prisme à base quelconque, prisme droit et prisme oblique, cylindre droit et cylindre oblique. — Indiquer la hauteur dans le prisme oblique et dans le cylindre oblique.

314. Après avoir tracé le développement de la surface d'un solide sur un carton, on donne un coup de canif sur les lignes qui doivent servir d'arêtes, et l'on reproduit ensuite le solide en repliant ses diverses parties pour leur donner leur position respective.

315. Tracez le développement de la surface totale d'un cube de 20 millimètres de côté.

316. Tracez le développement de la surface latérale d'un prisme triangulaire de 50 millimètres de hauteur, et dont la base est un triangle équilatéral de 15 millimètres de côté. Ajoutez à ce développement la surface des deux bases.

317. Tracez le développement de la surface latérale d'un prisme droit de 45 millimètres de hauteur, et dont la base est un hexagone régulier de 12 millimètres de côté. Ajoutez à ce développement la surface des deux bases.

318. Tracez le développement de la surface latérale d'un cylindre droit de 18 millimètres de hauteur, et dont la base est un cercle de 18 millimètres de rayon. Ajoutez à ce développement les cercles des bases.

Problèmes numériques.

319. Quelle est la surface totale d'un cube de 1ᵐ 30 de côté ?

320. Quelle est la surface latérale d'un prisme droit dont le périmètre de la base égale 8 mètres et la hauteur 3ᵐ 80 ?

321. Quelle est la surface totale d'un prisme de 1ᵐ 20 de hauteur, ayant pour base un hexagone régulier de 0ᵐ 48 de côté ?

322. Quel est le volume d'un cube de 2ᵐ 20 de côté ?

323. Quel est le volume d'un prisme dont la surface de la base est de 0ᵐᵠ 75 et la hauteur 0ᵐ 50.

324. Quelle est la hauteur d'un prisme de 5ᵐᶜ 75, sachant que la surface de la base égale 3ᵐᶜ 05 ?

325. Quel est le volume d'un prisme hexagonal régulier dont la hauteur est de 1ᵐ 60 et le côté de la base de 0ᵐ 66 ?

326. Un bassin rectangulaire plein d'eau a 12ᵐ 25 de longueur, 0ᵐ 75 de largeur, et 0ᵐ 75 de profondeur; on demande le volume de l'eau en hectolitres.

327. Un mur en briques a 4ᵐ 05 de longueur, 0ᵐ 25 d'épaisseur, et 3ᵐ 20 de hauteur; on demande le volume de ce mur.

328. Quel est le volume d'une poutre équarrie de 12ᵐ 75 de longueur, la section du milieu étant un rectangle de 0ᵐ 35 sur 0ᵐ 25 ?

329. Combien faut-il de briques de 30 centimètres de longueur, 20 centimètres de largeur et 10 centimètres de hauteur pour construire un mur de 18 mètres de longueur, 0ᵐ 75 d'épaisseur et 6 mètres de hauteur, sachant que le mortier entre pour ¹/₆ dans le volume d'un mur ?

330. Quelle est la surface latérale d'un cylindre droit de 1ᵐ 40 de diamètre et de 2ᵐ 30 de hauteur ?

331. Quelle est la surface totale d'un cylindre dont le cercle de base a 0ᵐ 36 de rayon, et dont la hauteur est de 1ᵐ 45 ?

332. Le rayon de la base d'un cylindre est de 0ᵐ 33, la hauteur égale deux fois le diamètre de la base; on demande la surface latérale du cylindre.

333. Quel est le diamètre de la circonférence d'un cylindre qui a 2ᵐ 36 de hauteur, et dont la surface latérale égale 7ᵐq 08 ?

334. Quel est le volume d'un cylindre de 0ᵐ 45 de haut, et qui a 0ᵐ 22 pour le rayon du cercle de sa base ?

335. Quelle profondeur faut-il donner à un bassin cylindrique dont le rayon de la base est de 1ᵐ 20, pour qu'il puisse contenir 76 400 litres ?

336. Quelle est la contenance d'un puits de 9ᵐ 35 de profondeur et d'un diamètre de 1ᵐ 36 ?

337. Quel rayon faut-il donner à la base d'un réservoir cylindrique de 5 mètres de profondeur, dont la contenance doit être de 5000 hectolitres ?

338. Quelle est la surface de la base d'un cylindre dont le volume égale 3ᵐᶜ 60, et la hauteur 1ᵐ 05 ?

PYRAMIDE ET CÔNE. — Exercices graphiques.

339. S'exercer à reproduire au tableau noir les solides qui sont représentés dans l'ouvrage : pyramide régulière et cône droit. — Indiquer la hauteur de chaque solide et l'apothème pour la pyramide.

340. Après avoir tracé le développement de la surface d'un

solide sur un carton, on peut, comme il a été dit précédemment, reproduire le solide.

341. Tracez le développement d'une pyramide régulière de 35 millimètres de côté, et dont la base est un triangle équilatéral de 20 millimètres de côté. — Ajoutez à ce développement la surface de la base.

342. Tracez le développement d'une pyramide ayant une arête de 30 millimètres, et 15 millimètres pour le côté de l'hexagone qui lui sert de base. — Ajoutez à ce développement la surface de la base.

343. Tracez le développement de la surface d'un cône, dont la génératrice a 45 millimètres et le rayon de la base 22 millimètres. — Ajoutez à ce développement le cercle de la base.

Problèmes numériques.

344. Le côté du carré de la base d'une pyramide quadrangulaire est de $3^m 90$; l'apothème des triangles des faces latérales est de $6^m 10$: on demande la surface latérale de cette pyramide.

345. Chaque arête d'une pyramide régulière hexagonale a 5 mètres; on demande la surface latérale de cette pyramide, sachant que le côté de l'hexagone est de 8 mètres.

346. La hauteur d'une pyramide régulière est de 8 mètres; on demande la surface latérale, sachant que le côté de l'hexagone de la base est de 6 mètres.

347. La surface latérale d'une pyramide triangulaire régulière est de 45 mètres carrés; on demande la longueur de l'arête, sachant que l'apothème égale 6 mètres.

348. Quelle est la longueur de l'arête d'un tétraèdre régulier dont la surface totale égale 36 mèt. carrés?

349. Quelle est la solidité d'une pyramide dont la base égale 4 mèt. carrés, et la hauteur $2^m 4$?

350. Quel est le volume d'une pyramide triangulaire régulière de 2 mètres de hauteur, et dont le côté du triangle équilatéral de la base a $0^m 8$?

351. Quel est le volume d'une pyramide hexagonale régulière dont la hauteur a $3^m 6$, et le côté de l'hexagone $3^m 6$?

352. Quel est le volume d'une pyramide hexagonale régulière dont le côté de l'hexagone est de $1^m 6$, et les arêtes partant du sommet de 4 mètres?

353. Quelle est la hauteur d'une pyramide dont le volume égale $1^{mc} 35$, et la surface de la base 3 mèt. carrés?

354. Quelle est la base d'une pyramide dont le volume est de $5^{mc} 445$, et la hauteur de $3^m 63$?

355. La grande pyramide d'Égypte, haute de 140 mètres, a pour base un carré de 240 mètres de côté. On demande le volume de cette pyramide.

356. Quel serait la longueur d'un mur construit avec les matériaux de la grande pyramide d'Égypte, en supposant que ce mur aurait 0ᵐ 75 en fondation, 2ᵐ 25 en élévation, avec une épaisseur de 0ᵐ 50 ?

357. Quelle serait la hauteur d'une pyramide quadrangulaire de 100ᵐ de côté au carré de sa base, construite avec les matériaux de la grande pyramide d'Égypte?

358. Quelle est la surface latérale d'un cône droit dont le côté égale 4ᵐ 50, et la circonférence de la base 6ᵐ 25 ?

359. Quelle est la surface latérale d'un cône droit dont le rayon de la base égale 1ᵐ 40, et le côté les ⁵/₄ de la circonférence de cette base ?

360. Quelle est la surface latérale d'un cône droit dont la hauteur est de 3ᵐ 25, et le rayon de la base 1ᵐ 25 ?

361. Quelle est la surface latérale d'un cône droit dont la hauteur égale 5ᵐ 25, et la circonférence de la base 4ᵐ 62 ?

362. Quelle est la surface latérale d'un cône droit dont la hauteur est de 4 mètres, et le côté de 5 mètres?

363. Quelle est la surface latérale d'un cône de 8 mètres de côté, si le diamètre de la base est double de la hauteur?

364. Quelle est la circonférence de la base d'un cône dont la surface latérale a 28 mèt. carrés et le côté 7 mètres ?

365. Quel est le côté d'un cône droit dont la surface latérale est de 30ᵐᵠ 80, et le rayon de la base de 2ᵐ 10 ?

366. Quelle est la hauteur d'un cône droit de 1ᵐ 20 de côté et 0ᵐ 42 pour rayon du cercle de sa base ?

367. Quel est le côté d'un cône droit de 12ᵐ 40 de hauteur et de 31ᵐ 418 pour la circonférence de sa base?

368. Quel est le volume d'un cône dont la hauteur est de 1ᵐ 35, et la surface de la base de 3ᵐᵠ 40 ?

369. Quel est le volume d'un cône dont la hauteur est de 2ᵐ 1, et le rayon de la base de 0ᵐ 56 ?

370. Quel est le volume d'un cône dont la hauteur est de 1ᵐ 23, et la circonférence de la base de 1ᵐ 98 ?

371. Quel est le volume d'un cône dont la hauteur est de 4 mètres, et le côté de 5 mètres ?

372. Quelle est la base d'un cône dont le volume est de 1ᵐᶜ 6, et la hauteur de 0ᵐ 80?

373. Quelle est la hauteur d'un cône dont le volume est de 4 mèt. cubes, et la base de 3ᵐᵠ 60?

374. Quelle est la hauteur d'un cône dont le volume est de 3ᵐᶜ 077, et le rayon de la base de 0ᵐ 35 ?

375. Quelle est la hauteur d'un cône dont le volume est de 0ᵐᶜ 18865, et la circonférence de la base de 1ᵐ 54 ?

376. Quelle est la surface latérale d'un tronc de cône droit à bases parallèles dont le côté est de 2ᵐ 6, et les rayons des deux bases de 1ᵐ 4 et 2ᵐ 1?

377. Quelle est la surface d'un tronc de cône, sachant que le côté est de 6 mètres, et que la somme des circonférences des bases parallèles est de 8ᵐ 48?

378. Quelle est la surface latérale d'un tronc de cône ayant pour côté 3 mètres, et pour rayons des deux bases parallèles 2ᵐ 1 et 2ᵐ 8?

379. Quelle est la surface latérale d'une cuve dont le diamètre du fond est de 2ᵐ 10, celui de l'ouverture de 2ᵐ 30, et le côté de 3ᵐ 84?

380. Quel est le rayon de la base inférieure d'un tronc de cône droit dont la surface latérale égale 42ᵐᵍ 5, le côté 1ᵐ 95, et le rayon de la base supérieure 1ᵐ 4?

381. Quel est le volume d'un tronc de cône à bases parallèles, sachant que la base inférieure a 2ᵐᵍ 25, la base supérieure 1ᵐᵍ 21, et la hauteur du tronc 0ᵐ 90?

382. Quel est le volume d'un tronc de cône à bases parallèles dont le rayon de la base supérieure a 0ᵐ 42, celui de la base inférieure 0ᵐ 63, et la hauteur du tronc 2ᵐ 1?

383. Quelle est la hauteur d'un tronc de cône de 84 mèt. carrés, sachant que la base supérieure est de 3 mèt. carrés, et la base inférieure de 12 mèt. carrés?

384. Quel est le volume d'un arbre dont la longueur égale 8ᵐ 75, et les diamètres des deux bouts 0ᵐ 30 et 0ᵐ 12?

385. Quel est le volume d'un arbre dont la longueur égale 9ᵐ 25, et les circonférences des deux bouts 1ᵐ 50 et 0ᵐ 55?

Exercices numériques.

(SPHÈRE)

386. Une sphère a 3ᵐ 08 de rayon; on demande la surface de cette sphère.

387. Quelle est la surface d'une sphère dont la circonférence d'un des grands cercles égale 4ᵐ 84?

388. Quel est le rayon d'une sphère dont la surface égale 6ᵐᵍ 16?

389. Quel est le diamètre d'une sphère dont la circonférence d'un des grands cercles est de 9ᵐ 25?

390. Quelle est la circonférence d'un grand cercle d'une sphère de 12 mèt. carrés?

391. Quelle est la surface intérieure et extérieure d'une sphère creuse de 0ᵐ 035 d'épaisseur, sachant que le diamètre extérieur égale 1ᵐ 05?

392. Quelle est en décimètres la surface d'un boulet de 10 centimètres de rayon ?

393. Quel est le volume d'une sphère de 0^m 84 de rayon ?

394. Quel est le volume d'une sphère dont la surface égale 55^{mq} 44 ?

395. Quel est le volume d'une sphère dont la circonférence d'un des grands cercles a 4^m 62 ?

396. Quel est le volume d'une sphère dont la surface d'un des grands cercles égale 6^{mq} 16 ?

397. Quel est le rayon d'une sphère dont le volume égale 179 décimèt. cubes ?

398. Quel est le volume d'une enveloppe sphérique de 2 centimètres d'épaisseur, le diamètre extérieur étant de 2^m 22 ?

(SOLIDES, SEMBLABLES)

399. Une pyramide triangulaire droite a pour hauteur 4^m 50, et pour côtés de la base 2^m 25 ; on demande le côté de la base d'une seconde pyramide semblable qui aurait 3 mètres de hauteur.

400. Un cône tronqué a 3^m 25 de hauteur, et les rayons des deux bases égalent 5 mètres et 1^m 50 ; quels sont les rayons d'un tronc de cône semblable qui a 4^m 75 de hauteur ?

401. Quels sont les rapports des surfaces et des volumes de deux sphères qui ont pour rayons 1 mètre et 3 mètres ?

402. Un prisme a pour surface latérale 12^m 25 ; on demande la surface d'un second prisme semblable, sachant que ses arêtes sont trois fois plus longues que celles du premier.

403. Une sphère a 24 mèt. carrés ; quelle est la surface d'une autre sphère qui aurait un rayon deux fois moindre ?

404. Un parallélépipède a 16 mèt. cubes ; quel est le volume d'un parallélépipède semblable qui aurait des arêtes trois fois plus longues ?

405. Quel côté faut-il donner à un cube pour que sa surface soit deux fois moindre que celle d'un autre de 16 mètres de côté ?

406. Un prisme régulier à base hexagonale a les dimensions suivantes : hauteur = 12 mètres, côté de la base = 8 mètres ; on demande les dimensions d'un second prisme semblable, sachant que sa surface est trois fois plus grande.

407. Quel rayon faut-il donner à une sphère pour que sa surface soit quatre fois moindre que celle d'une autre sphère qui a 3^m 2 de rayon ?

408. Un cône a 9 décimètres de rayon et 27 décimètres de hauteur ; quels seraient le rayon et la hauteur d'un cône semblable qui aurait un volume trois fois moindre ?

409. Un cylindre a 16 décimètres de diamètre et 24 décimètres de hauteur; quels seraient le diamètre et la hauteur d'un cylindre semblable qui aurait un volume deux fois moindre ?

410. Un tronc de pyramide droite à base pentagonale a 2ᵐ20 de hauteur, les côtés des deux bases sont 4ᵐ30 et 1ᵐ50; quelles seraient les dimensions d'un tronc de pyramide semblable qui aurait un volume quatre fois plus grand ?

411. Quel rayon faut-il donner à une sphère pour que son volume soit quatre fois moindre que celui d'une autre ayant pour rayon 1ᵐ92 ?

412. Quelles sont les dimensions d'une cuve de forme cylindrique dont la contenance doit être de 1600 litres, sachant que la hauteur égale les $\frac{2}{3}$ du rayon de la base ?

413. Quelles sont les dimensions qu'il faut donner à une caisse ayant la forme d'un prisme régulier à base quadrangulaire, pour que sa contenance égale 4 mèt. cubes, sachant que la hauteur est le triple du côté de la base ?

PREMIÈRES NOTIONS D'ARPENTAGE

CHAPITRE 1

INSTRUMENTS D'ARPENTAGE

L'arpentage est l'art de mesurer la superficie d'un terrain.

Les principaux instruments employés en arpentage sont les *jalons*, la *chaîne d'arpenteur*, les *fiches* et *l'équerre d'arpenteur*.

Jalons. Les *jalons* sont des bâtons qu'on plante en terre pour prendre des alignements. Ils ont ordinairement de 1ᵐ 50 à 2ᵐ de longueur, et de 3 à 4 centimètres d'épaisseur.

Pour qu'un jalon puisse être aperçu d'assez loin on le divise en trois parties égales; le premier et le troisième tiers sont peints en blanc, et l'intermédiaire est peint en rouge; d'autres fois la partie supérieure porte une planchette peinte en deux couleurs et nommée *voyant*.

L'extrémité inférieure du jalon est terminée en pointe et ferrée, afin qu'elle puisse plus facilement pénétrer dans le sol.

On prend quelquefois pour jalons des brins de fil de fer ou des baguettes de bois. L'extrémité supérieure reçoit un morceau de papier pour servir de point de mire.

Jalons.

Fig. 1, 2, 3, 4.

Chaîne d'arpenteur. La *chaîne d'arpenteur*, appelée aussi décamètre, est une mesure de longueur de 10 mètres.

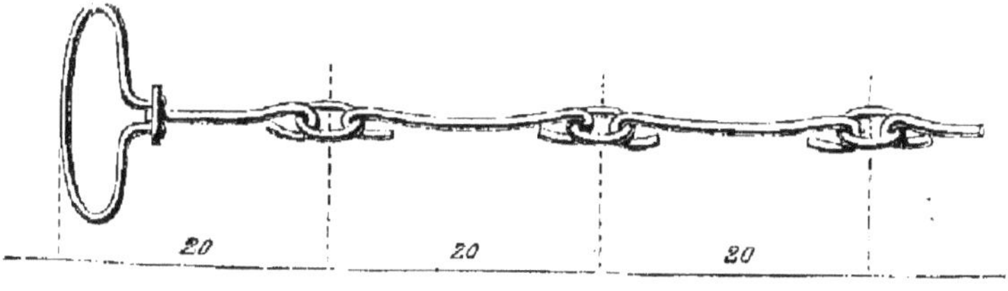

Chaîne d'arpenteur.

Fig. 5.

La chaîne est composée de cinquante chaînons en gros fil de fer, reliés bout à bout par des anneaux de même métal; le premier et le dernier sont terminés par une poignée. Les mètres sont indiqués par des anneaux en cuivre, et la moitié du décamètre par une petite tige de fer suspendue à l'anneau.

Un chaînon et la moitié des deux anneaux qui l'accompagnent forment une longueur de 20 centimètres.

Une poignée, son chaînon et la moitié de l'anneau qui suit forment de même une longueur de 20 centimètres.

Roulette. La *chaîne de poche* ou *roulette* est un ruban étroit de toile, enroulé autour d'un axe.

Roulette.

Fig. 6.

Ce décamètre est plus commode que le précédent, mais il offre peu de précision, car l'usage et l'humidité en modifient notablement la longueur. Il sert pour mesurer des longueurs de peu d'étendue et sur lesquelles les erreurs ne peuvent être que fort peu préjudiciables.

Fiches. Les *fiches* sont des tiges de fer de 20 à 40 centimètres de longueur. L'une des extrémités est recourbée en anneau pour donner plus de prise à la main; l'autre extrémité, terminée en pointe, est destinée à pénétrer dans le sol.

Fiche.

Fig. 7.

Équerre d'arpenteur. L'*équerre d'arpenteur* est un prisme octogonal de cuivre creux dans l'intérieur, d'environ un décimètre de hauteur.

Quatre faces opposés deux à deux A, B, C, D ont chacune une fente longitudinale et une ouverture appelée *fenêtre*. La fente de ces faces correspond à la fenêtre de la face opposée, et réciproquement. L'ensemble d'une fente et d'une fenêtre prend le nom de *pinnule*. Un crin ou un fil très fin est tendu verticalement au milieu de chaque fenêtre, dans le prolongement de la fente. Ces crins donnent des directions qui se croisent à angles droits.

Équerre d'arpenteur.

Fig. 8.

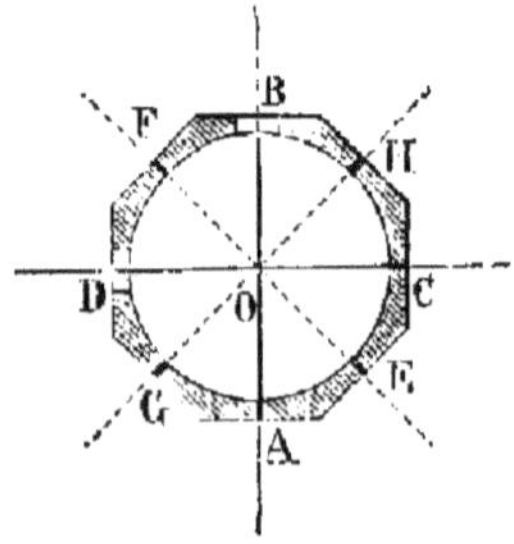

Équerre supposée coupée.

Fig. 9.

Les quatre autres faces E, F, G, H, qui font des angles de

45° avec les premières et des angles droits entre elles, portent chacune une longue fente surmontée d'une ouverture appelée *fenêtre ronde*.

L'équerre s'adapte à un bâton, ou à un pied à trois branches, au moyen d'un douille E; cette douille peut se dévisser et se placer dans l'intérieur de l'instrument par l'ouverture A.

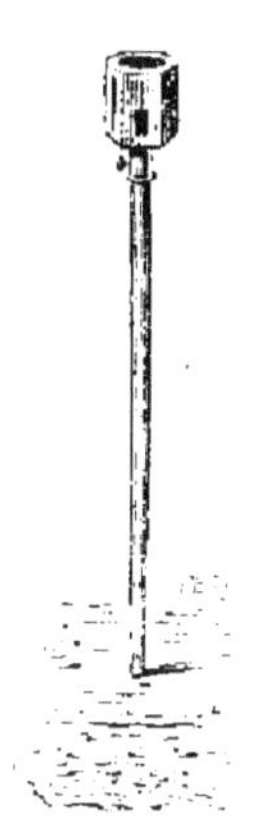

Équerre sur son bâton.

Fig. 10.

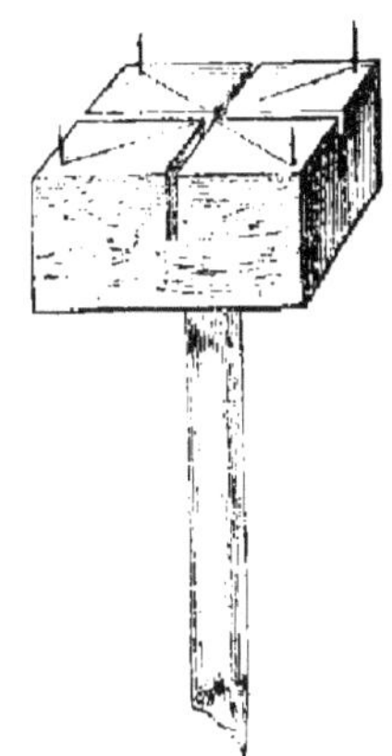

Planchette pouvant remplacer l'équerre d'arpenteur

Fig. 11.

A défaut d'équerre d'arpenteur, on peut se servir d'une *planchette carrée* un peu épaisse, traversée par deux traits de scie perpendiculaires entre eux.

Des aiguilles plantées aux quatre coins permettent de mener des angles de 45°.

CHAPITRE II

DES ALIGNEMENTS

Un *alignement* est une suite de points de la surface du sol situés dans la même direction.

Une ligne est dite *tracée sur le terrain* lorsque quelques-uns de ses points sont indiqués par des jalons.

Pour les lignes qui ont peu d'étendue il suffit d'un jalon à chaque extrémité; mais, si la distance est considérable, on place des jalons intermédiaires.

§ I. — Tracé des alignements.

JALONNER UNE DROITE ENTRE DEUX POINTS DONNÉS A ET B

Manière de jalonner une droite, l'arpenteur ayant un aide.

Fig. 12.

On fixe verticalement un jalon à chacun des points donnés A et B (fig. 12). L'arpenteur se place ensuite derrière le jalon A ; puis il vise dans la direction AB, et fait planter par un aide-arpenteur un ou plusieurs jalons intermédiaires C, D, de manière que ces jalons se trouvent dans l'alignement AB.

Le premier jalon intermédiaire n'est placé qu'après quelques tâtonnements : l'arpenteur, par un mouvement de main, indique à son aide que le jalon doit être porté vers la droite ou vers la gauche ; en abaissant la main, il fait connaître que le jalon est bien placé et qu'il doit être fixé.

Dès qu'un premier jalon intermédiaire C a été placé, l'aide-arpenteur dispose facilement seul un autre jalon intermédiaire, D par exemple, en se mettant dans la direction AC, de manière que le jalon D cache les jalons déjà placés.

Manière de jalonner une droite, l'arpenteur étant seul.

Fig. 13.

Si l'arpenteur est seul, il fixe d'abord les jalons A et B (fig. 13) ; il place ensuite un jalon C entre les deux premiers, et revient au même jalon A pour examiner si ce jalon C est dans l'alignement AB. Un ou deux tâtonnements suffisent pour trouver la véritable place du jalon C. L'arpenteur opérera ensuite comme il est indiqué ci-dessus.

Au lieu de placer le jalon C entre A et B, l'arpenteur pourrait fixer un jalon en avant du jalon A, dans l'alignement AB, et

continuer ensuite, à l'aide de ce jalon, à placer des jalons entre A
et B.

PROLONGER UN ALIGNEMENT

Pour prolonger l'alignement déjà tracé AB, on place successivement les jalons C, D, E, en se maintenant dans l'alignement
des jalons A et B déjà placés.

§ II. — Mesure des lignes.

MESURER SUR LE TERRAIN UNE LIGNE HORIZONTALE

Arpenteur.   Mesure d'une ligne sur le terrain.   Aide-arpenteur.

Fig. 14.

La droite à mesurer étant jalonnée, l'arpenteur se place à l'une
des extrémités de la ligne et appuie contre le premier jalon A
une des poignées de la chaîne qu'il tient de la main gauche.
L'aide-arpenteur ou porte-chaîne tient l'autre poignée de la
main gauche et les fiches de la main droite; il marche dans la
direction donnée, ce qui lui est facile s'il a devant lui deux
jalons, ou, à leur défaut, s'il s'est choisi, au delà du dernier
jalon, un point de la droite pour repaire, comme serait un arbre,

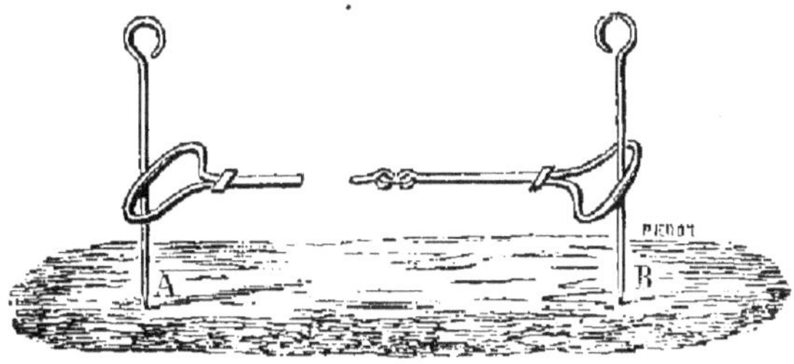

Manière de placer les fiches.

Fig. 15.

une maison. D'ailleurs, s'il quitte l'alignement, l'arpenteur l'y
ramène par un signe de la main. Le porte-chaîne s'arrête lorsque
le décamètre est parfaitement tendu. Il enfonce alors une fiche
dans le sol, de manière qu'elle soit tangente à l'intérieur de la
poignée, et les deux opérateurs, relevant la chaîne, marchent
dans la direction de l'alignement.

L'arpenteur vient appuyer contre la première fiche F (fig. 14) la partie extérieure de la poignée qu'il porte; l'aide-**arpenteur** continue à cheminer dans l'alignement, et, quand le décamètre est de nouveau tendu, il place une seconde fiche, et ainsi de suite.

En quittant une station, l'arpenteur lève la fiche, qu'il prend de la main droite; lorsqu'il en a dix, il les rend au porte-chaîne, note 10 décamètres sur un carnet, et continue l'opération.

Base productive. On appelle *base productive* d'un terrain la projection horizontale de ce terrain, ou, en d'autres termes, l'étendue qu'on obtient en abaissant des divers points de son contour des perpendiculaires sur un même plan horizontal, que l'on suppose mené par le point le plus bas du terrain.

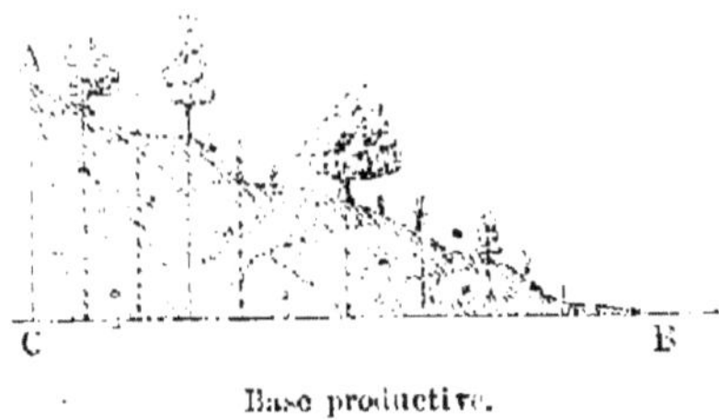

Base productive.

Fig. 16.

On admet que cette base productive rapporte autant que le terrain en pente; car les végétaux croissent verticalement. En arpentage, on mesure la base productive BC et non le terrain AB. C'est pourquoi on ne cherche pas la longueur d'un alignement qui est en pente, mais bien celle de sa projection sur un plan horizontal.

MESURER UN ALIGNEMENT NON HORIZONTAL AB

L'arpenteur applique au point A une des extrémités de la chaîne; l'aide tend la chaîne de manière à la tenir horizontalement suivant AD; et, pour déterminer le point E du sol, qui correspond à l'extrémité D du décamètre, il laisse tomber verticalement la fiche en la tenant par la pointe, ou même une petite pierre. L'aide-arpenteur plante une fiche au point E ainsi déterminé.

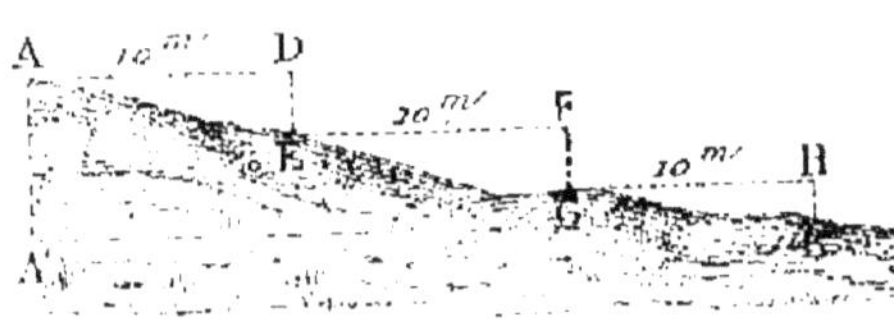

Mesure d'une ligne en pente.

Fig. 17.

On procède d'une manière analogue pour obtenir les autres longueurs EF, GH... La somme des horizontales AD, EF, GH, est la longueur cherchée.

La ligne ainsi mesurée représente la longueur horizontale A'B, qui est la projection de AB.

Lorsque la pente est considérable, on plie la chaîne en deux, et l'on mesure des horizontales n'ayant que 5 mètres de longueur. Dans ce cas, on compte par demi-décamètres.

Pour chaîner une ligne en pente, on prend pour point de départ le point le plus élevé de la ligne.

§ III. — Tracé des perpendiculaires.

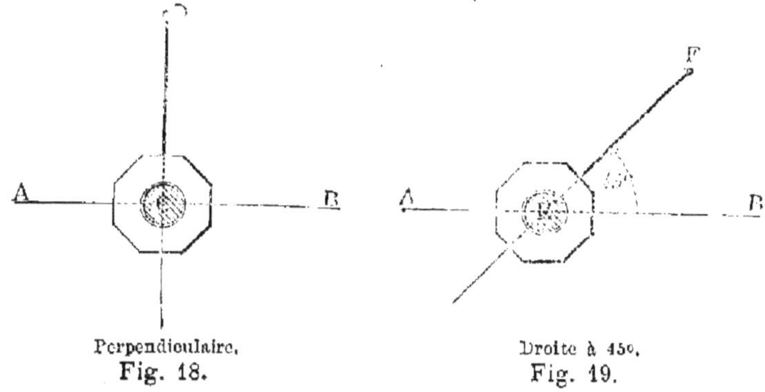

<table>
<tr><td>Perpendiculaire.
Fig. 18.</td><td>Droite à 45°.
Fig. 19.</td></tr>
</table>

Par un point pris sur une droite, mener une perpendiculaire à cette droite.

Pour élever une perpendiculaire en un point C, sur une ligne jalonnée AB, on place verticalement l'équerre au point donné, puis on la fait tourner jusqu'à ce que deux pinnules opposées soient dans la direction AB; la direction des deux autres pinnules donne la perpendiculaire cherchée, sur laquelle on fait planter un jalon D.

Pour faire un angle de 45° on opère d'une manière analogue, en se servant de deux faces adjacentes de l'équerre.

Sur une droite donnée, élever une perpendiculaire qui passe par un point extérieur donné.

Pour abaisser du point D une perpendiculaire sur une droite AB, on choisit à volonté un point quelconque de AB, on dispose l'équerre de manière que deux pinnules opposées soient dirigées suivant AB; on promène ensuite l'équerre le long de AB, en tenant constamment les pinnules dans la même direction AB, jusqu'à ce que le point D soit sur la direction des deux autres pinnules. Le pied de l'équerre appartient alors à la perpendiculaire demandée.

On opère d'une manière analogue pour faire passer au point F une ligne faisant un angle de 45° avec l'alignement AB.

CHAPITRE III

ARPENTAGE DES TERRAINS

A L'AIDE DE LA CHAINE ET DE L'ÉQUERRE

Arpenter un terrain, c'est en chercher la superficie.

Avant d'arpenter un terrain il faut ordinairement le parcourir, en reconnaître les limites, planter des jalons aux sommets des angles et en faire le croquis.

§ I. — Arpentage d'un terrain triangulaire.

Pour arpenter le terrain triangulaire ABC, on détermine

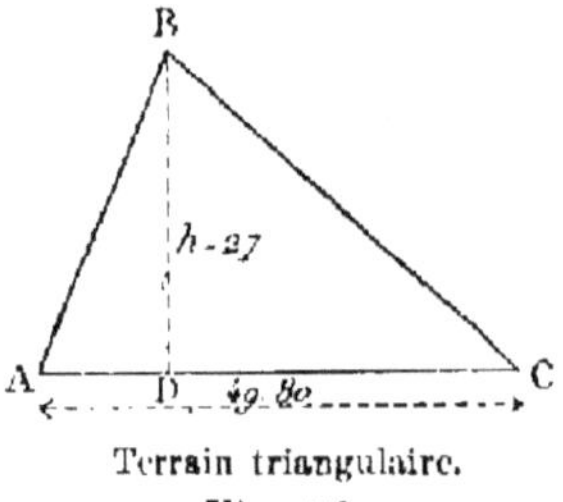

Terrain triangulaire.
Fig. 20.

à l'aide de l'équerre la hauteur BD du triangle. On mesure à la chaîne les lignes AC et BD, base et hauteur du triangle.

On obtient ensuite la surface du triangle par le calcul connu, c'est-à-dire qu'on prend la moitié du produit de la base par la hauteur.

$$\text{Surface ABC} = \frac{49,9 \times 27}{2} = 672_{\text{mq}} 30.$$

§ II. — Arpentage d'un terrain polygonal quelconque.

Nous indiquons deux procédés d'arpentage :

1° La décomposition en triangles à l'aide des diagonales du polygone ;

2° La décomposition en triangles rectangles et en trapèzes rectangles, à l'aide d'une directrice convenablement choisie.

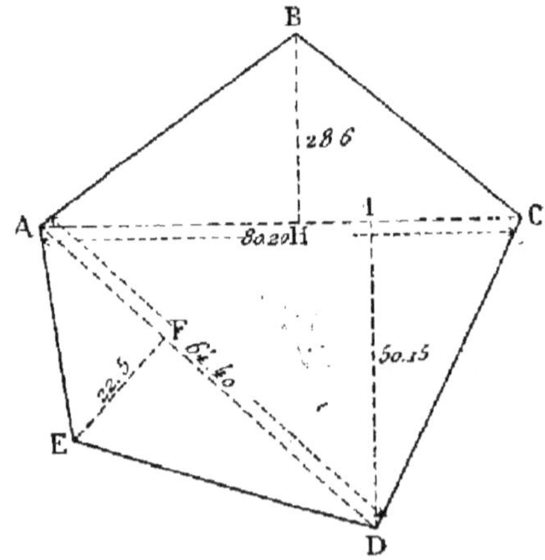

Terrain décomposé en triangles.
Fig. 21.

1ᵉʳ **Procédé.** *Par décomposition en triangles.*

Soit à arpenter le polygone ABCDE. Après avoir jalonné les diagonales AC et AD, élever les perpendiculaires BH, DI et EF, et mesurer toutes ces lignes. On calcule ensuite la surface de chacun des trois triangles. Leur somme est la surface du polygone.

$$\text{Triangle ABC } \frac{80,20 \times 28,60}{2} = 1146,86$$

$$\text{Triangle ACD } \frac{80,20 \times 50,15}{2} = 2011,11$$

$$\text{Triangle ADE } \frac{64,40 \times 22,50}{2} = 724,50$$

Surface totale 3882mq,37

Soit 38 ares 82 centiares pour la superficie du terrain.

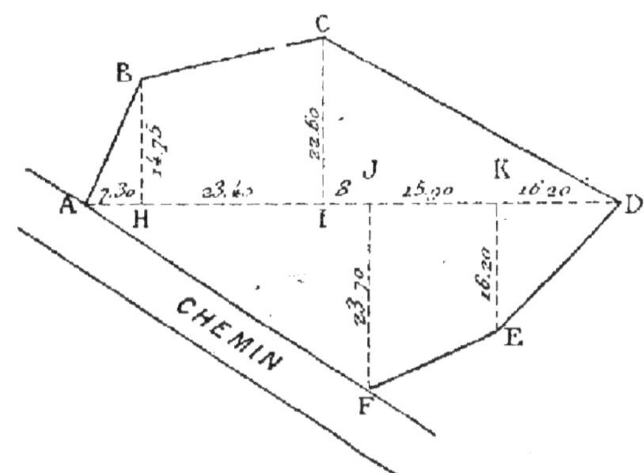

Terrain décomposé en triangles rectangles et en trapèzes rectangles.

Fig. 22.

2ᵉ Procédé. *Par décomposition en triangles rectangles et en trapèzes rectangles.*

Soit à arpenter le terrain polygonal ABCDEF. Choisir la diagonale AD comme directrice, et procéder ensuite de la manière suivante :

1° Élever sur cette ligne les perpendiculaires qui doivent passer aux sommets B, C, E, F.

2° Planter un jalon au pied de chaque perpendiculaire aux points H, I, K.

3° Mesurer les perpendiculaires et les différentes longueurs marquées sur la diagonale AD.

4° Calculer ensuite la surface des triangles rectangles et des trapèzes rectangles. Leur somme est la superficie du terrain.

On peut faire les calculs de ces diverses figures en suivant le contour du polygone. On désignera les triangles et les trapèzes par de petites lettres *a, b, c, d, e, f,* placées sur les côtés du polygone.

3*

Tableau des calculs.

$$\text{Triangle } a \quad 7{,}30 \times \frac{14{,}75}{2} = 53{,}84$$

$$\text{Trapèze } b \quad 23{,}40 \times \frac{14{,}75 + 22{,}60}{2} = 436{,}99$$

$$\text{Triangle } c \quad 40{,}10 \times \frac{22{,}60}{2} = 453{,}13$$

$$\text{Triangle } d \quad 16{,}20 \times \frac{16{,}20}{2} = 131{,}22$$

$$\text{Trapèze } e \quad 15{,}90 \times \frac{16{,}20 + 23{,}70}{2} = 317{,}21$$

$$\text{Triangle } f \quad 38{,}70 \times \frac{23{,}70}{2} = 458{,}59$$

$$\text{Surface totale} \quad 1850^{mq}{,}98$$

§ III. — Arpentage des terrains limités par des courbes.

Le contour des terrains à arpenter peut être formé en totalité ou en partie de lignes courbes; dans ce cas, la superficie de ces terrains ne s'obtient que d'une manière approximative.

Nous indiquons le procédé suivant :

Soit à arpenter le terrain ABCDE, limité par la courbe ANBMC, et soient menées les droites AB et BC, qui forment ainsi un polygone ABCDE, dont la superficie s'obtient par l'un des procédés déjà indiqués.

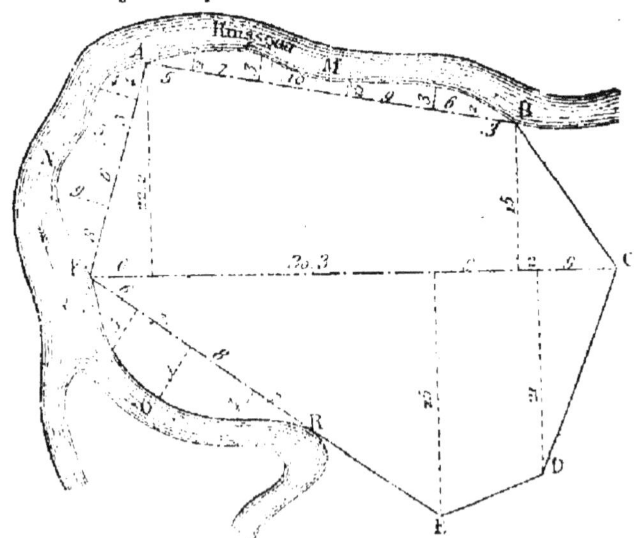

Terrain limité par des courbes.

Fig. 23.

Pour obtenir la superficie des portions sinueuses ANB et BMC, divisons en plusieurs parties chaque ligne d'opération

AB et BC. Par les points de division, élevons des perpendiculaires. Ces perpendiculaires divisent le terrain en plusieurs parties, que l'on mesure comme si elles étaient des triangles rectangles et des trapèzes rectangles.

Tableau des calculs.

Surface A M B.	Surface A N F.	Surface F O R.	Surface A F R E D C H.
$\dfrac{3\times2}{2}=3$	$\dfrac{4\times4}{2}=8$	$\dfrac{6\times5}{2}=15$	$\dfrac{15\times11}{2}=82,50$
$\dfrac{2+3}{2}\times6=15$	$\dfrac{4+5}{2}\times5=22,50$	$\dfrac{5+9}{2}\times7=49$	$\dfrac{15+22,2}{2}\times39,3=730,48$
$\dfrac{1,5+3}{2}\times9=20,25$	$\dfrac{5+9}{2}\times6=42$	$\dfrac{9+4}{2}\times8=52$	$\dfrac{6\times22,2}{2}=66,60$
$\dfrac{1,5+3}{2}\times10=22,50$	$\dfrac{9\times8}{2}=36$	$\dfrac{7\times4}{2}=14$	$\dfrac{36,3\times25}{2}=453,75$
$\dfrac{2+3}{2}\times7=17,50$			$\dfrac{25+21}{2}(9+2)=253$
$\dfrac{2\times5}{2}=5$			$\dfrac{9\times21}{2}=94,50$
83mq 25	108mq 50	130mq	1680mq 83

Surface totale 83,25 + 108,50 + 130 + 1680,83 = 2002mq 58

CHAPITRE IV

MESURE DES DISTANCES INACCESSIBLES

§ I. — A l'aide de la chaîne.

Obtenir la distance entre deux points C et M séparés par un obstacle.

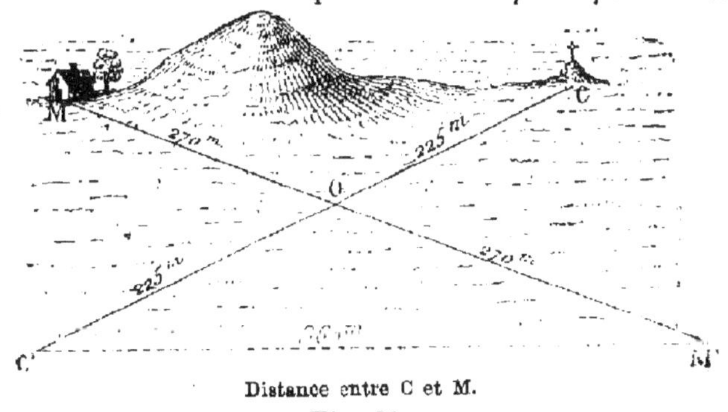

Distance entre C et M.

Fig. 24.

Se placer en un point O, d'où l'on puisse apercevoir à la fois
M et C. Mesurer OC, que l'on prolonge d'une longueur égale

OC′ = OC. De même, mesurer OM, et faire OM′ = OM. La mesure de C′M′ est aussi celle de CM ; car les deux triangles OCM et OC′M′ sont égaux.

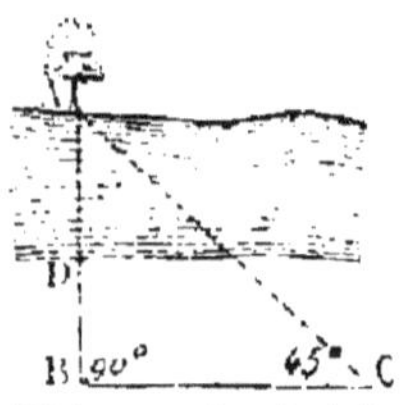

Distance entre A et B.
Fig. 25.

§ II. — A l'aide de l'équerre.

Soit à obtenir la distance AB.

Faire en B un angle droit ABC ; puis chercher sur la perpendiculaire BC un point C tel que l'angle ACB soit de 45°. Le triangle ABC est isocèle, et AB = BC.

CHAPITRE V

MESURE DES HAUTEURS

Mesurer une hauteur à l'aide de l'ombre. *Soit à mesurer la hauteur d'un arbre* AB.

Planter verticalement en terre un jalon d'une longueur déter-

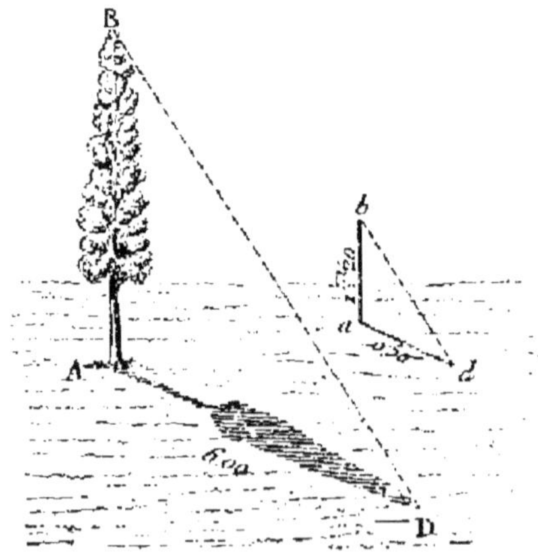

Hauteur d'un arbre.
Fig. 26.

minée, par exemple de 1^m20. Les deux triangles semblables ABD et *abd* donnent la proportion suivante :

$$\frac{AB}{AD} = \frac{ab}{ad} \quad \text{ou} \quad \frac{AB}{6} = \frac{1,20}{0,50}$$

d'où l'on obtient   AB = 14^m40

Moyen expéditif pour obtenir approximativement la hauteur d'un arbre. Prenez deux règles égales formant équerre. Dirigez-les, en les tenant d'une main, de manière que les deux bords soient dans la direction du sommet de l'arbre, une des règles étant horizontale. Mesurez les lignes AD et DE. L'équerre étant ici un triangle isocèle, le triangle BFE est aussi isocèle. Par suite,

$$EF = BF = 17^m 50.$$

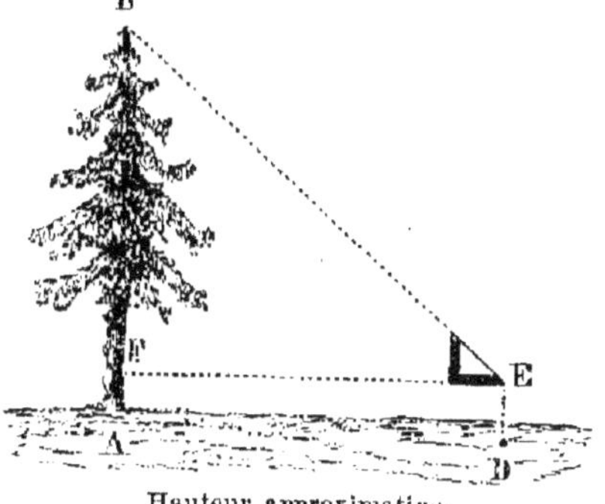

Hauteur approximative.

Fig. 27.

La hauteur de l'arbre égale 17m50, plus la hauteur ED, ou 1m20.

Soit 18m70 la hauteur cherchée.

PREMIÈRES NOTIONS DE NIVELLEMENT

NOTIONS PRÉLIMINAIRES

Le **nivellement** a pour but de déterminer la différence de niveau entre deux points de terrain.

Deux points sont *au même niveau* lorsqu'ils sont sur un même plan horizontal.

L'altitude d'un point est sa hauteur au-dessus du niveau de la mer.

On trouve sur quelques monuments et sur quelques ponts des routes nationales de petites plaques rondes en fonte sur lesquelles est marquée l'altitude. La figure ci-contre représente une de ces plaques, sur laquelle on lit : *Nivellement général de la France.* Le nombre placé au milieu indique que l'altitude de ce point est de 632m718 au-dessus du niveau de la mer.

Fig. 28.

A toutes les stations de chemin de fer, on lit l'altitude sur la façade de la gare donnant sur la voie.

Dans les routes, chemins de fer, etc., on appelle *palier* toute partie horizontale; *rampe*, toute partie qui va en montant, et *pente*, toute partie qui va en descendant.

Les paliers, les rampes et les pentes sont indiqués sur les voies de chemins de fer par des plaques placées sur des poteaux de peu de hauteur.

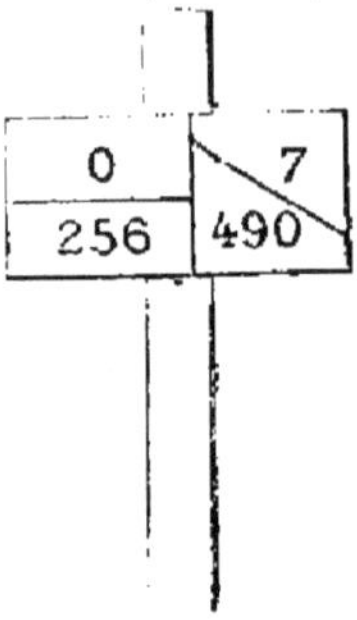

Les nombres sont écrits sous forme de fraction.

Lorsque le trait de fraction est horizontal, il indique un palier; lorsque le trait est oblique, il indique une rampe ou une pente.

Le numérateur indique la pente par mètre, et le dénominateur indique le parcours pendant lequel dure ce palier ou cette même pente.

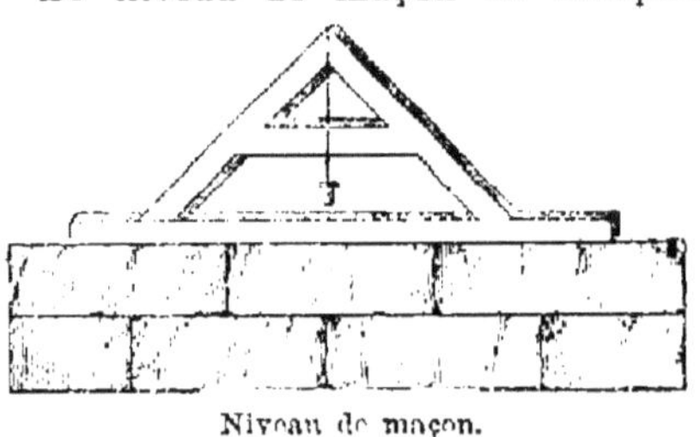

Fig. 29.

Ainsi $\frac{0}{256}$ indique un palier de 256 mètres; $\frac{7}{490}$ indique une pente de 7 millimètres par mètre, qui se continue pendant 490 mètres.

§ I. — Des instruments.

Les instruments employés dans le nivellement sont le *niveau* et la *mire*.

NIVEAU

Niveau. Le *niveau* est un instrument qui sert à déterminer une direction horizontale. Les niveaux les plus en usage sont : le *niveau de maçon*, le *niveau d'eau* et le *niveau à bulle d'air*.

Le **niveau de maçon** se compose de deux règles AB et BC, assemblées à angle droit et réunies par une traverse qui porte une ligne de repère D, et d'un fil à plomb suspendu au sommet.

Pour fixer horizontalement une assise de pierre, par exemple, on place d'abord une règle sur cette assise, puis le niveau sur la règle.

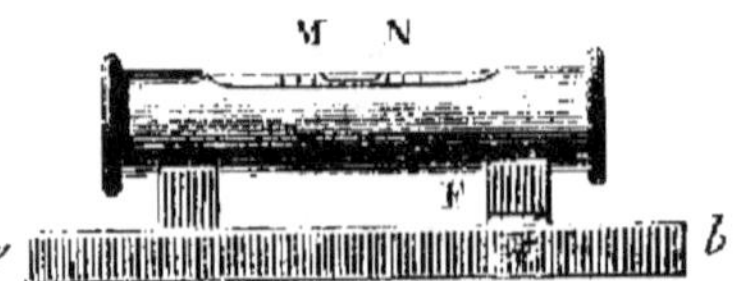

Niveau de maçon.
Fig. 30.

Lorsque le fil à plomb passe sur la ligne de repère de la traverse, la direction de l'assise est horizontale.

Niveau à bulle d'air. Le *niveau à bulle d'air* est formé d'un tube de verre, légèrement renflé vers le milieu, contenant une bulle d'air.

Ce tube de verre est placé dans une garniture de cuivre fixée elle-même à une règle *ab*, qui doit être horizontale

Niveau à bulle d'air.
Fig. 31.

lorsque la bulle d'air vient couper le milieu du tube.

Le niveau à bulle d'air remplace fréquemment le niveau du maçon.

Pour mettre de niveau une pierre de taille, une pièce de bois, un meuble, on pose sur l'objet le niveau à bulle d'air, et on voit quelles sont les parties que l'on doit relever ou baisser. Lorsqu'il s'agit d'une surface, il faut vérifier l'horizontalité en mettant le niveau dans diverses positions.

Niveau d'eau. Le *niveau d'eau* est un tube de fer-blanc ou de laiton ayant environ 1^m20 de long, et dont les deux extrémités, relevées à angle droit, portent des fioles de verre sans fond.

Niveau d'eau.

Fig. 32.

Le niveau d'eau se pose sur un pied à trois branches.

Dans le tube placé à peu près horizontalement sur son pied, on met de l'eau de manière que le liquide s'élève jusqu'à la moitié de la hauteur des fioles; la surface de l'eau détermine un plan horizontal.

Lorsqu'on veut transporter l'instrument d'une station à une autre, on bouche l'une des fioles pour que l'eau ne s'écoule pas. Il faut enlever le bouchon chaque fois qu'on doit viser la mire.

Afin de distinguer plus facilement la surface du liquide, on emploie parfois de l'eau rougie. Pendant l'hiver, on l'alcoolise afin d'en prévenir la congélation.

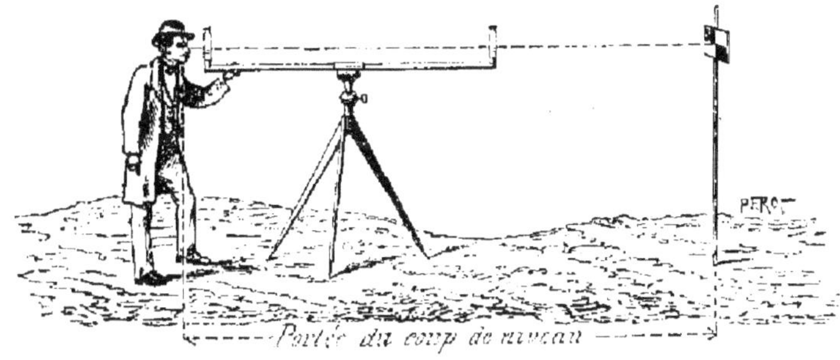

Fig. 33.

Manière de viser. Après avoir mis le niveau en station sur le pied à trois branches, l'opérateur attend que l'eau soit en équilibre, et, se mettant à une faible distance de l'une des fioles, il vise tangentiellement.

MIRE

Mire à voyant. Les mires employées dans le nivellement sont
des règles graduées en centimètres, ayant le plus souvent deux
ou quatre mètres.

La *mire simple* est une règle de deux mètres, divisée en centimètres, et munie d'une plaque nommée *voyant*, qui peut glisser
le long de la règle.

La visée se fait sur le milieu du voyant.

§ II. — Nivellement de deux points.

Pour avoir la différence de niveau de deux points A et B,
placez le niveau entre les deux points, et, autant que possible,
à peu près à égale distance de ces deux points et sur leur direc-

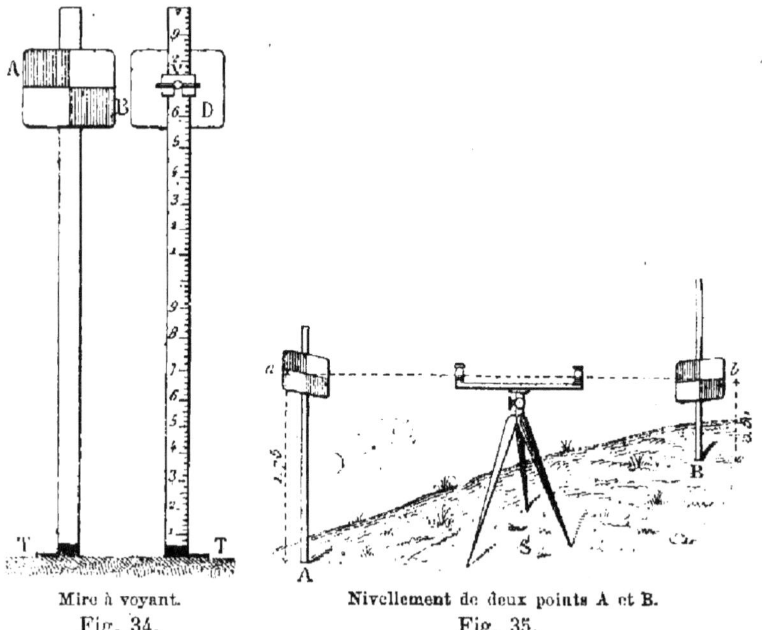

Mire à voyant.
Fig. 34.

Nivellement de deux points A et B.
Fig. 35.

tion. Faites placer successivement la mire à chacun des points
donnés, afin de déterminer leur distance respective de la ligne de
niveau *ab*.

Soit

$$Aa = 1,75$$
$$Bb = 0,60$$

La différence de niveau de ces deux points est égale à

$$1,75 - 0,60 = 1^m 15$$

Ainsi le point B est à $1^m 15$ au-dessus du point A.

REPRÉSENTATION D'UNE MAISON

Une maison se représente généralement par plusieurs dessins, que l'on nomme *plan*, *élévation de face*, *élévation de côté*, *coupe longitudinale*, *coupe transversale*, *profil*.

ÉLÉVATION DE FACE (fig. B).

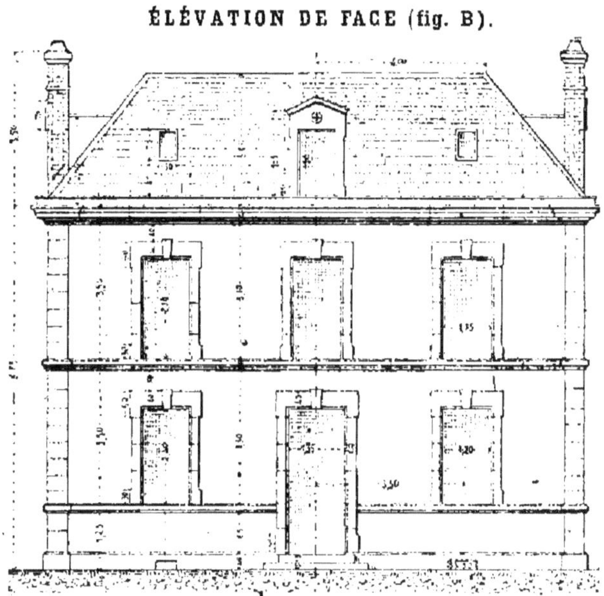

PLAN (fig. A).

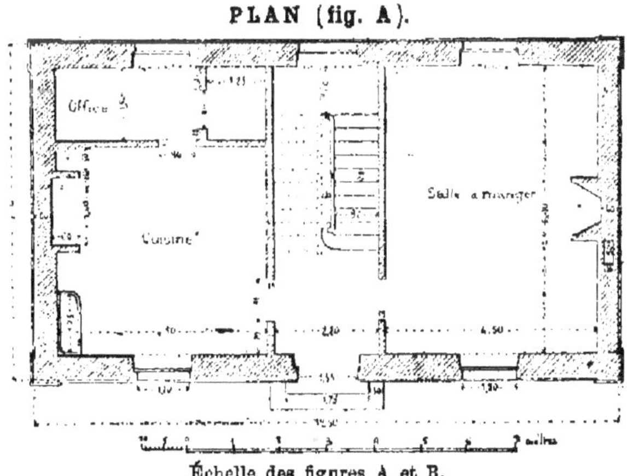

Échelle des figures A et B.

Chacun de ces dessins est fait d'après une échelle déterminée.

On appelle *plan* le dessin qui représente la maison supposée coupée par un plan horizontal à une hauteur déterminée (fig. A).

Il y a le *plan des caves* et *des fondations*, le *plan du rez-de-chaussée*, le *plan du premier étage*, du *deuxième étage*, etc.

L'*élévation de face* ou *façade principale* est le dessin qui représente la maison vue de face (fig. B).

L'élévation de côté représente la maison vue sur un côté.

La *coupe* est le dessin de la maison supposée coupée par un plan vertical. Si la section est faite dans le sens de la longueur, c'est la *coupe longitudinale ;* si la coupe est faite dans le sens de la largeur, c'est la *coupe transversale* (fig. C).

COUPE TRANSVERSALE (fig. C).

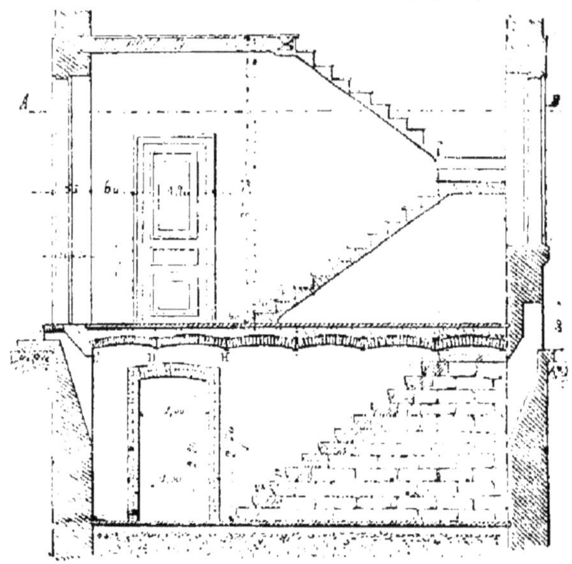

PLAN DE L'ESCALIER (fig. D)

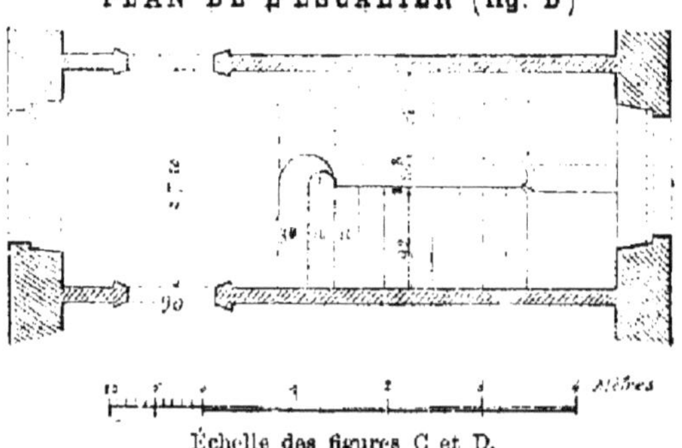

Échelle des figures C et D.

On appelle *profil* le dessin des moulures qui ornent la maison.

On représente quelquefois par un dessin particulier les détails importants d'une maison, comme serait, par exemple, une porte, une croisée, une cheminée, un escalier (fig. D).

TABLE DES MATIÈRES

PREMIÈRE PARTIE

DEUXIÈME PARTIE

Applications.

PREMIÈRES NOTIONS D'ARPENTAGE.

18471. — Tours, impr. Mame.